엄마를 위한 동그라미

엄마를 위한 동그라미

/엄마 되기/의 풍랑 속 흔들리는 모성을 붙잡다

선안남 지음

호우

◦ 프롤로그 ◦

온 세상이 엄마를 안아주어야 한다

첫 아기를 낳은 지 얼마 되지 않았을 때 퇴근하고 돌아온 남편이 지하철에서 있었던 일을 이야기해주었다. 퇴근 길, 북적 거리는 지하철 안에서 아기가 울기 시작했다. 유모차에 타고 있던 아기는 무엇이 불편했는지 엄마가 아무리 달래도 울음을 그칠 생각을 하지 않았다. 시간이 갈수록 아기의 울음소리는 더욱 강도가 세졌다.

아기 엄마는 울음을 달래기 위해 이런저런 시도를 하다가, 어느 순간 화가 나서 소리를 지르기 시작했다. 엄마가 화를 낼수록 아기는 더 필사적으로 울었고 아기 엄마도 울기 시작했다. 엄마의 울음은 점점 악다구니가 되었고 폭력적인 몸짓으로 변해갔다.

멀리서 그 모습을 지켜보고 있던 할머니들이 아기 엄마에게 다가가서 "아기 엄마, 제발 그러지 말아"라고 애원했다. 아기 엄마는 괴성을 지르며 유모차에 발길질을 하기 시작했다. 그때부터 사람들이 "어어" 소리를 내며 달려갔다. 한쪽에서는 유모차가 넘어지지 않도록 버티고 한쪽에서는 아기 엄마를 붙잡으며 진땀을 뺐다.

이 일은 내 마음속에 오래 기억되었고 자주 소환되었다. 마치 그 자리에 있었던 것 같은 느낌을 받으며, 나는 어느 날에는 아기였다가, 어느 날에는 아기 엄마였다가, 또 어느 날에는 아기 엄마에게 애원하는 할머니들이었다가, 유모차를 잡고 버티고 선 남편이 되기도 했다. 어느 쪽에 서서도 슬펐다. 하지만 가장 슬프고 절망적인 자리는 아기 엄마의 자리였다.

안아주는 환경

세 아이를 낳아 키우면서, 또 상담실 안팎에서 아기 엄마들을 만나면서, 엄마들이 아이를 키워나갈 때 앓게 되는 몸과 마음의 어려움을 나도 경험하게 되었다. 그러면서 도널

드 위니캇D. Winnicott의 '안아주는 환경holding environment'이라는 개념을 떠올리게 되었다. 안아주는 환경은 엄마가 아기에게 어떤 존재가 되어야 하는가를 가장 잘 보여준다. 이 이론에서 엄마는 아기에게 버텨주는 환경이자 붙잡아주는 환경, 안아주는 환경으로서 존재한다.

엄마에게 아기는 특별한 존재이지만 아기에게 엄마는 특별함을 넘어선 유일무이한 존재이고, 자기 자신이자 자신이 속한 세계 자체이다(엄마=나=온 세상). 갓 태어난 아기는 엄마와 자신이 분리된 존재라는 사실조차 인식하지 못한다. 아기는 엄마를 통해 자신을 감각하고, 그 감각을 기초로 자신을 세워나간다. 즉, 엄마가 따스할 때 자신도, 세상도 따스하다고 느끼는 것이다. 이 감각은 아기의 삶을 관통하는 모든 감정과 생각에 영향을 미친다.

점조차 되지 못했던 작고 여린 존재가 이만큼 성장하기까지 엄마라는 안아주는 환경이 있다는 것은 아기에게 얼마나 큰 위로와 위안이었을까? 한때는 모두 아기였던 우리에게 엄마가 있다는 것이 얼마나 다행인 일이었을까?

안아주는 환경은 그 모든 것을 설명해준다. 분명하고도 따스한 이론적 개념이다. 하지만 우리 사회에 존재하는 강도 높은 모성 이데올로기(주로 '엄마는 ~~해야 한다'는 역할과 도리의 행동 강령을 이야기하는 이데올로기)와 결합할 때, 이 이론은 엄마 한 사람에게 너무 많은 짐을 지우고 압박을 가한다는 생각도 하게 된다.

엄마'만' 버텨주면 되는가

홀로 버티고 버티다가 끝내 쓰러져버린 엄마들의 이야기가 언제나 뒤늦게 비극적으로 들려온다. 모성에 강도 높은 의무를 부과하는 사회에서는 아기에게 안아주는 환경이 되어주라는 권유가 어떤 압력이 되어 엄마를 한없이 약하게 만드는 동시에 서둘러 강해지라는 강요로 작용하기도 한다.

'여자는 약해도 엄마는 강하다'는 이야기가 가진 비장함과, 희생하는 모성에 대한 찬양 일색의 말들은 엄마의 슬픔과 고통, 외로움과 막막함을 자주 가려버린다. 그러면 엄마는 마음 둘 곳 없이 아이를 키워내야 하는데, 사실 그것은 불가능에 가까운 과제다.

아기에게는 안아주는 환경이 필요하고 엄마가 그 역할을 잘해주어야 한다는 것은 이미 우리 모두가 공감하는 중요한 사실이다. 하지만 이제 우리는 그 공감대 위에서 더 중요한 이야기를 살펴볼 필요가 있다. 엄마가 아기를 위해 버텨줄 수 있으려면 엄마에게도 안아주는 환경이 필요하기 때문이다. 이제 우리는, 엄마가 아기에게 어떤 품이 되어주어야 하는가를 이야기하기 전에, 사회가 엄마에게 어떤 품이 되어주고 있는지를 살펴봐야 한다.

세 겹의 동그라미

경험해보지 않은 것을 다른 누군가에게 경험하게 해주기란 불가능에 가깝게 어렵다. 그 누구도 그저 의지와 결심만으로 아기를 품어주고 버텨주고 견뎌주는 사랑을 한결같이 계속 펼쳐내기란 어렵다.

안아주는 환경의 따스한 세례를 받아본 엄마만이 아이에게 그 따스함의 세례를 줄 수 있다. 따스한 사랑의 순환은 모든 사회적 안정의 기초가 된다. 그런 면에서 안아주는 환경은 단지 엄마가 아기에게 주어야 하는 육아 환경에 대한 이론이 아니다. 그것은 우리 모두가 서로에게 내주어야 하는 마음의 환경을 의미한다.

엄마를 안아주는 동그라미를 그려주고 싶다. 엄마 자격이 없다며 괴로워하고 있는 엄마에게. 아기를 위해 더한 희생을 하지 못하는 자신을 이기적이라고 타박하는 엄마에게.

엄마가 되었으면서 왜 그러냐고 비난하는 손가락질에 마음을 다친 엄마에게.

엄마를 위한 탄탄한 동그라미를 그려서, 안아주는 환경을 엄마가 먼저 경험할 수 있게 꼭 안아주고 싶다. 그렇게 품어진 엄마는, 이런저런 방식과 의무를 강요하지 않아도, 자신의 방식으로, 자신의 속도로, 자신의 사랑으로 아기를 품게 될 테니까. 누가 뭐라고 하든지 아기를 가장 사랑하는 사람은 엄마니까.

또, 엄마를 향한 비난을 가두는 동그라미를 그려두고 싶다. 좁고 단순한 잣대로 '엄마가 되어가지고 왜', '엄마가 그 정도밖에 못하느냐'라고 비난하는 목소리를 가두는 견고한 동그라미다. 이제는 비난의 손가락을 거두고 두 손을 모아 기도해주고 쓸어주고 안아주자고, 함께 더 큰 동그라미를 그려나가자고 말해주고 싶다.

마지막으로, 아기를 안고 있는 엄마를 안아주는 커다란 동그라미를 그린다. 각자 다른 꼴로 저마다의 삶을 잘 꾸려나갈 수 있도록 서로가 서로를 견뎌주고 버텨주고 품어주는 진정한 의미의 모성 사회를 상상해본다. 그 속에서 모성은 당연하게 여겨지거나 강요되지 않고, 과장되게 찬양되지도 않을 것이다.

한 아이를 몸과 마음으로 품는 동시에, 온 세상의 품에 안기는 아기 엄마의 모습이 바로 우리가 지향해야 할 진정한 모성이기 때문이다.

○

사소해 보이지만 결코 사소하지 않은 이야기를 쓰고 싶었다. 누구나 다 아무렇지 않은 얼굴로 매일 엄마의 날들을 살아내는 것 같지만, 그 시간 속에 얼마나 많은 이야기가 담겨 있는지 하나하나 다 꺼내보고 제대로 확인하고 싶었다. 그럼으로써 나의 엄마 되기 여정을 담은 이 모든 글들이 안아주는 품으로, 잡아주는 손으로, 다독여주는 말로 세상 모든 엄마에게 힘이 되었으면 했다.

육아의 시간을 지나다 보면 몸도 마음도 힘겨워진 순간이 어김없이 찾아온다. 하지만 그 어떤 순간이라도 바로 내가 내 모든 이야기의 주인공임을 잊지 말았으면 한다. 엄마의 목소리로, 엄마의 관점으로, 엄마의 이야기로 내 육아의 의미를 제대로 세워갔으면 한다. 누가 뭐래도 우리는 세상에서 단 하나뿐인 내 아이의 엄마이고, 결국 나의 엄마 경험은 그 누구도 대체할 수 없는 가장 나다운 동그라미를 그리는 일이니까 말이다.

엄마들을 안아주며, 엄마들에게 안기며

나의 이야기를 세상 모든 엄마들의 이야기에 포개어본다.

선안남 *dream*

차례

4장 이상적인 엄마는 아닐지라도

5장 모두를 위한 아기 엄마의 일

6장 온 세상이 거대한 육아 공동체

1장

그게 다 '엄마의 뇌' 때문이야

엄마 되기가 쉬운 것이 아니라면

어제는 혼자서 세 아이를 여덟 시 전에 재우는 데 성공했다. 모처럼 갈등 없이 평온하게 아이들을 재우고 나니 약간의 설렘이 느껴졌다. 밀린 집안일을 후다닥 해치우고 책을 조금 읽고 자려고 했지만 그러지 못했다. 잠에서 깨 나를 부르는 아이들의 소리가 들려왔기 때문이다.

육아에는 퇴근이 없다. 엄마의 테두리를 수시로 침범하는 아이들이 있을 뿐. 결국 내 시간을 포기하고 아이들 틈에서 자기로 했다.

자다가도 기침 소리가 심해진 아이, 힘들다며 발길질을 하는 아이를 차례로 안아주어야 했다. 미열이 있는 아이의 이마를 만지다가, 엄마 품에서 자고 싶다며 발버둥치는 아이를 가슴에 안고 토닥이다가……. 나도 모르게 아이를 배 위에 올린 채로 쪼그려 잠이 들었다. 그러다가 문득 느껴지는 한기에 벌떡 일어나 아이들에게 이불을 덮어주었다.

새벽의 어둠이 걷히기도 전에 첫째와 둘째가 아직 자고 있던 나와 셋째를 깨운다.

"엄마, 이제 뭐할까?"

"뭐할까?"라는 말이 제일 무서울 때가 있다. 나에게 준비된 것이 없는데 순식간에 뭔가를 뚝딱 만들어내서 즐겁게 해줘야 할 것 같은 압박감. 그것이 당연하게 여겨지는 엄마의 역할, 엄마의 하루. 하루의 시작부터 몸도 마음도 휘청거린다.

집 안 구석구석에 어젯밤 처리하지 못한 일들이 어지럽게 흩어져 있다. 층층이 쌓인 접시들, 흩어진 장난감 조각들, 아직 개키지 못한 빨래들. 간밤에 안부 메시지를 보내온 친구에게 '힘들다'는 문자를 하나 보낸 뒤 아이들 아침을 챙기고 설거지를 한다.

사탕을 달라고, 같이 놀아달라고, 안아달라고 악을 쓰며 내 바짓가랑이를 붙잡는 아이들. 정돈되지 않은 채 어지러운 육아 공간이 되어버린 집. 분명 세상에서 가장 귀엽고 천사 같은 아이들인데, 또 더할 나위 없이 안온한 우리 집이었는데 육아는 이 모든 것을 단숨에 뒤집어버린다.

육아가 힘겨운 이유는 가장 큰 행복과 사랑의 조건이 가장 큰 고난의 조건으로 순식간에 뒤집히기 때문인 것 같다. 아이들 때문에 웃지만 아이들 때문에 우는 하루가 반전의 반전을 거듭하며 이어진다.

엄마 되기가 쉬운 줄 알았어?

첫아이를 임신했을 때 산모들의 생생한 출산기를 참 많이 읽어보았다. 산통은 감히 상상할 수 없는 경험이라기에 두려워서 더 열심히 찾아보았던 것 같다.

출산 경험담들은 무시무시했다. 그리고 수많은 출산 이야기를 읽으며 공통적으로 발견한, 마음에 걸리는 한마디가 있었다. 고통이 최고조에 이르러 짐승처럼 울부짖을 수밖에 없을 때 간호사와 의사 들이 했다는 말, 많은 산모들이 똑같이 들었다는 말이다.

"엄마, 정신 차려. 엄마 되기가 쉬운 줄 알았어?"

이 핀잔과 비난의 말은 마치 같은 병원에서 아기를 낳기라도 한 것처럼 많은 사람들의 출산 이야기에 등장했다. 하지만 그런 말과 밀려오는 감정에 일일이 답할 수 없을 정도로 임신, 출산, 육아의 과정에서 많은 일들이 밀려오는 것 같았다.

돌아보면 출산 과정은 그야말로 육아에 대한 예고편이었다. 고통의 터널을 통과하고 나서야 아기를 만나는 희열과 기쁨이 찾아온다는 것은, 출산 이후에 들이닥칠 육아의 진통과 비슷한 점이 있었다. 하지만 출산과 육아는 엄연히 달랐다. 출산의 고통에는 끝이 있지만, 육아의 고통은 이제 막 시작일 뿐이었다. 아기를 낳은 그날부터 끝없는 육아의 고통이 엄마를 기다린다. 새 생명이라는 축복이 주는 깊은 감동만큼이나 끝을 알 수 없는 어떤 과정이 시작된다는 아득한 감각은 엄마의 마음을 무겁게 짓누른다.

아기가 태어난 순간부터 모든 것은 새롭게 시작된다. 그 과정에는 모유수유에 대한 압박도 있고 밤잠에 대한 고민도 있고 태열이나 기저귀 발진을 관찰하며 조마조마한 마음도 있다. 작고 여린 아이가 가진 모든 특징들에 대해 엄마는 매 순간 조마조마한 마음으로 습득해야만 한다. 그렇게 육아의 길은 쉽지 않다. 아이를 만나는 기쁨, 아름다움, 경이로움과는 별도로 엄마는 몸과 마음으로 출산과 육아의 고통을 앓는다.

그런데 이러한 고통에 대한 하소연과 터져 나오는 폭발의 감정을 바라보는 눈이 무심하고 가차 없고 냉정할 때가 있다. "그게 쉬울 줄 알았어?"라니. 냉정한 몇몇의 말이 아니라, 많은 엄마들이 출산의 고통을 통과하며 흔히, 으레 듣게 되는 말이라니. 그 말은 우리가 출산 후 겪어야 할 '엄마 되기'의 모든 진통에 대한 불길하고도 강력한 하나의 시선을 대변하는 것이 아닐까.

'엄마라면'의 굴레

첫아이가 열 살이 되는 동안 출산 환경은 많이 달라졌다. 출산 경험을 지지하는 여러 장치들이 병원에도, 사회에도, 가정에도 생겨났다. 하지만 그럼에도 엄마를 향한 어떠한 비난과 핀잔, 재촉과 채찍질은 여전히 옛 이야기가 아니다. 엄마들은 아직도 그 잔해에 넘어진다. 엄마 되기가 쉽지 않아 꿈틀거리고 신음하는 마음에 내던져지는 가차 없는 핀잔은 완전히 사라지지 않았다.

출산의 과정은 물론이고 출산 이후 육아의 과정 동안, 엄마는 매일같이 육아의 짐과 어려움과 압도감을 느낀다. 그리고 그와 동시에 엄마니까, 모성의 빛나는 의지와 희생으로, 순순히 받아들이라는 어떤 목소리를 함께 듣는다. 엄마 되기가 쉬운 줄 알았느냐는 핀잔은 때로는 다정한 종용의 형태로, 때로는 따스한 칭찬의 형태로 계속된다.

모성은 본능이 아니다. 힘들 때 힘들다고 느끼는 것, 싫을 때 싫다고 느끼는 것, 귀찮을 때 귀찮다고 느끼는 것이야 말로 오히려 본능이다. 하지만 우리는 여전히 '엄마라면 이래야 한다'는 딱딱한 틀에 엄마의 몸과 마음을 끼워 맞추라고 종용하는 이야기에 시달린다. 이미 우리는 엄마에 대해 이야기할 때 '희생'이라는 단어를 쓰지 않고는 마침표를 찍지 못하는 수많은 문장들을 알고 있기 때문이다.

그러다 보니 자녀들은 '불쌍한 우리 엄마'라는 생각이 떨어뜨린 어떤 죄책감 때문에 엄마에게서 독립하지 못하고, 엄마들은 '내가 널 어떻게 키웠는데'라는 생각이 몰고 오는 원망 때문에 내면의 결핍을 엉뚱한 곳에서 폭발시키고 해소하려 한다. 결국 엄마 되기가 쉽지 않은 만큼 자식이 되는 것도 쉽지 않은 것이다.

엄마 되기의 고통

졸린 눈을 비비며 찡그린 채 웅얼거리는 아이들을 한 명씩 식탁에 앉혔다. 미역국에 밥을 말아 식탁에 급하게 올려놓고는 생각했다.

출산의 고통을 겪으며 울부짖는 엄마들에게 "엄마 되기가 쉬운 줄 알았느냐"며 차갑게 핀잔주는 사람이 여전히 있다면, 또 육아의 고통에 흐느끼는 엄마들에게 "집에서 살림하고 애 키우는 게 뭐 그리 힘드냐"라고 함부로 말하는 사람이 여전히 있다면, 그에게 찾아가서 이렇게 말해주리라.

엄마 되기가 쉬운 일이 아닌 줄은 엄마가 되기 전부터 알고 있었다고. 하지만 이토록 어렵고 뜨겁고 힘든 일일 줄은 몰랐다고. 엄마 되기란, 실시간으로 쏟아지는 과제들에 압도당하다가 겹겹의 어지러움이 일상에서 끝없이 반복된 후에야 현실로 와닿는 일이라고.

그리고 엄마 되기가 이토록 쉬운 일이 아니라면, 더 잘 도와주어야 하는 거라고. 특히나 그 어려운 진통의 과정을 지켜봐주는 사람들은 더 그래야 한다고. 처음 엄마가 되는 길, 아기를 만나러 가는 길에 휘몰아치는 몸과 마음의 혼란, 뒤틀림, 상실감은 핀잔과 비난이 아니라 설명과 격려로 감싸안아주어야 하는 것이라고.

출산을 기다리며 생생한 출산 후기를 참 많이 읽었던 나는, 이제 우리가 더 많이 쓰고 나누어야 할 것은 출산 후 아기를 돌보는 엄마들의 생생한 육아 담론임을 깨닫는다. 출산의 날은 하루지만 육아의 날은 하루도 빠짐없이, 쉼 없이 계속되기 때문이다. 우리에겐 그 누구의 고통도 당연하게 여기지 않고 소홀히 여기지 않는 이야기, 하나의 고통에서 여럿의 고통을 발견하는 이야기, 여럿의 고통을 통해 꿰어지는 하나의 더 나은 이야기가 훨씬 더 간절하기 때문이다.

기쁨과 고난의 혼재

아침을 먹고 졸음이 가시고 창밖이 환해지자, 아이들의 얼굴이 펴지고 기분이 나아졌다. 디저트로 사탕을 받고는 그제야 미역국이 맛있었다며 엄지척도 해주고 이런저런 말을 재잘댄다. 잠시 틈을 타 마당으로 나간다. 따뜻한 차를 한 모금 마시고 지저귀는 새소리를 듣고 나니 뭉쳐 있던 마음이 서서히 풀리는 것 같다.

아까 보내놓은 문자에 친구가 괜찮으냐고 답장을 보내왔다. 하고 싶은 말이 많았지만 어떤 말도 다 할 수 없어서, 아무 얘기도 담지 않은 채 담백한 답을 보냈다. 메시지를 전송하며 바로 이런 것이 육아의 힘겨움이 가진 특징이 아닐까 생각해본다.

.... 어느 순간 미칠 것 같고 견딜 수 없을 것 같다가, 바로 다음 순간 아이들의 웃음과 날갯짓을 가장 가까이에서 목격하는 축복을 얻는 것. 지나고 보면 그 모든 힘겨움이 아이들이 자잘하게 부수어놓은 과자 조각, 레고 조각처럼 너무 사소하고 아무것도 아닌 것 같아서 하나하나 되짚어 얘기할 수 없는 것. 하지만 그때 그 감정은 여전히 생생한 것. 이루 다 말하기가 힘든 것.

그게 다
'엄마의 뇌' 때문이야

아이 셋을 키우는 내 일상은 정돈되지 않은 일투성이다. 하루걸러 하루 냄비를 태우고 물건들은 이리저리 어지럽게 흐트러져 있다. 흐트러진 물건만큼이나 마음도 이곳저곳에 떨어져 있다. 어제도 오늘도 내일도 정신없는 하루가 이어진다. 이런 이야기를 친구에게 했더니 친구는 이 증상과 상황을 한마디로 요약해주었다.

"그게 다 '엄마의 뇌mumbrain' 때문이야."

그때 처음 '엄마의 뇌'라는 말을 알게 되었다. 따로 설명을 듣지 않아도 그 말이 무엇을 뜻하는지 알 것 같았다. 엄마의 뇌는, 엄마가 되고 난 뒤 우리가 왜 그렇게 정신없다는 말을 자주 하는지, 왜 그렇게 잘 깜빡하는지, 왜 그렇게 쉽게 찡하고 욱하는지 설명해주는 말이었다.

'엄마의 뇌'는 엄마가 되고 난 후 마주하는 모든 변화를 포괄한다. 세상의 모든 변화가 그러하듯, 이 변화 또한 필연적이며 불가역적이다.

엄마의 뇌와 일상의 변화

아기 엄마들이 일상에서 마주하는 갖가지 변화. 이 변화는 거대한 상실과 함께 찾아온다.

몸이 망가진다. 기억력과 인지적 능력, 사고회로가 버벅거린다. 수면을 박탈당한다. 감정의 롤러코스터를 탄다. 조그맣지만 거대한 욕망을 가진 존재들의 변덕스러운 기분과 상태에 따라 이리저리 휘둘리고 휘어진다. 여러 가지 일을 동시에 하는 돌봄 노동과 가사 노동을 언제나 풀가동한다. 강도 높은 감정 노동과 사소한 디테일마저 중요해지는 단기 기억 노동, 매순간 몸을 일으켜 움직여야 하는 신체 노동이 필연적으로 따라붙는다. 퇴근이 없기에 '육퇴'라는 말을 만들어서 자신의 경계를 지켜내기 위해 안간힘을 쓴다. 그러나 결국 경계를 수시로 침범당하며, 여러 역할의 충돌과 혼란에 온종일 시달린다.

그전까지 스스로를 지탱해주던 지적 능력과 인지적 능력이 별로 소용없어졌다는 사실과, 돌봄 노동을 제대로 해내기 위한 훈련이 전혀 되어 있지 않다는 사실을 깨닫는다. 인지적인 기능뿐 아니라 생리적인 시계 또한 빨리 돌기 시작해, 풀리지 않는 피로감과 흐트러진 판단력을 경험하게 되고 오래 집중하기도 힘들어진다.

모성 수행의 바통을 넘겨받는 마음 또한 평화롭지 않다. 가장 극한의 직업이지만 번듯한 직업으로 인식이 되지 않기에, 엄마들은 자신들 또한 모성 노동의 수혜자였으면서도 그 수행을 새삼 귀하게 바라보지 않는다. 한 생명을 만나 키워내는 기쁨과 감격이 분명 존재하지만, 엄마가 되고 마주한 변화와 상실을 바라보며 어떤 감정 덩어리를 느끼게 되는 것이다. 그것은 막막하고 먹먹한, 안으로 삼킬 수도 밖으로 뱉어낼 수도 없는 커다랗고 뜨거운 감정 덩어리다.

예전의 나를 잃어버린 걸까?

엄마로서 감당해야 할 일들이 이렇게 많은지 엄마가 되기 전에는 몰랐다. 마치 세부약관을 제대로 읽지 않고 덜컥

사인을 해버린 것 같다는 생각도 했다. 이처럼 엄마의 뇌는 상실의 관점에서 해석되기 쉬웠다. 하지만 그저 '많은 것을 잃었다'만으로 엄마로의 전환을 설명하기에는 무언가 석연치 않았다. 그리고 그 마음을 따라가다가 어떤 질문에 도달하게 되었다.

.... 잃어버리고 흩어져버리는 것 같은 일상의 파편들 속에서 차곡차곡 쌓아올리고 있는 것은 과연 아무것도 없을까?
모성과 사랑이라는 추상적인 가치를 일상의 구체적인 수행으로 구현해내는 일, 가닥가닥 마디마디 어려움이 느껴질 수밖에 없는 그 일을 어떻게 세상의 모든 엄마들은 매일 한결같이 해내고 있을까?

얻은 것이 있으면 잃은 것이 있고, 잃은 것이 있기에 얻은 것이 있을지도 모른다. 그렇다면 잃은 것을 통해 '얻은 것'은 무엇인가. 나는 이 질문에 대한 답을 온전한 나의 경험과 성찰을 통해서 얻어내고 싶었다.

아이 엄마로서 엄청난 노동, 모두 다 해내기 불가능해 보이는 노동을 매일같이 해내면서, 엄마가 되기 전에 가졌던 기억력과 수행 능력, 인지적 능력 등이 온전하기를 기대하는 것은 어쩌면 과한 바람이 아닐까? 그리고 혹시 녹슬었다고 생각되는 능력도, 현재는 그저 먼지가 쌓여 있을 뿐, 시간만 주어진다면 필요할 때 다시 꺼내어 쓸 수 있는 그런 것이 아닐까?

우리는 우리가 정말로 잃기도 전에 너무 많이 잃었다고 섣불리 절망하는 것일지도 모른다. 상실에만 초점을 맞춘 엄마의 뇌 이야기는, '한 생명의 탄생과 성장'이라는 삶의 가장 큰 변화가 가져다주는 커다란 성장과 성숙의 요소를 분명히 간과하고 있었다.

어쩌면 이 사회에 엄마의 불어난 능력을 제대로 인식하는 관점과 잣대가 없어서, 엄마의 뇌를 그저 어수선하고 정신없어진 상태로만 받아들이며 자조적인 농담을 던지고 마는 건지도 모른다. 우리는 엄마가 된 자신을 보며 작아졌다고, 잃었다고 '착각'하고 있는 것인지도 모른다.

사랑과 자발적 과부하

엄마의 뇌는 그전까지 배워온 것과는 다른 기술과 능력을 요구하는 혹독하고 외로운 육아 환경 속에서 훈련된다. 모든 손길과 발길, 세상을 보는 시선은 아이의 안전과 성장에 맞춰 재조정되고, 능력과 잠재력 역시 한 존재의 성장에 맞춰 정렬된다. 매순간 미세하게 조정되기도 한다. 아이에 대해서라면 손이 빨라지고 몸이 먼저 나가고 가슴이 이미 반응 중이다. 매일 단 한 사람만을 위한 이런저런 계획들의 숲속을 헤맨다.

엄마 되기는 이렇게 원래의 능력보다 더 많이 기억해내고 만들어내고 계획해내고 수행하게 한다. 그리고 아이에 대한 사랑은 엄마를 더욱 무리하게 해, 엄마의 능력을 더욱 더 끌어올린다.

이러한 과부하의 시간을 보내다 보면 뇌에서 일어나는 충돌은 필연적인 일이 된다. 냉장고 앞에서 무엇을 꺼내려던 것인지 기억나지 않아 한참 동안 멍하게 서 있게 되고, 자주 사용하던 단어나 전화번호를 기억해내려 힘겨운 사투를 벌이기도 한다. 너무 많은 감정을 한꺼번에 느끼다 보니 웃다가 울기도 하고, 울다가 웃기도 한다.

그렇게 지난 하루의 끝에는 잠든 아이들을 바라보며 너무 정신없이 하루를 보낸 나머지 사랑의 말을 다 못 해준 건 아닌지, 엄마의 짧아진 감정 퓨즈 탓에 아이들의 마음이 상하지는 않았는지 염려한다. 또 그러다가 과부하된 머리와 가슴을 비워내지 못한 채 지쳐 잠이 든다. 너무 피곤하고 지친 날에는 오히려 잠이 오지 않아 오래 뒤척이기도 한다. 오늘의 실수와 부족함을 다 주워 담고 보살필 시간 없이 곧바로 내일이 시작될 걸 알면서도, 내일은 좀 더 잘해보자고, 이미 과부하되었지만 그래도 더 해보고 싶다고 스스로 격려하고 결심한다.

우리는 안다. 엄마가 된 뒤 찾아온 모든 변화와 과부하된 상황을 좋아할 수는 없지만, 그것을 둘러싼 모든 것을 사랑한다는 사실을 말이다. 잃은 것이 많다고 아무리 힘주어 말해도 결국 안다. 우리가 사랑에 빠졌음을. 이 정신없고 깜빡하는 세상에서 우리의 작은 아이들과 사랑에 빠졌음을. 그전까지 이해되지 않았던 삶의 어떤 차원이 별빛처럼 쏟아져 내려와 우리 가슴에 사랑이라는 이름으로 와 박혔음을.

엄마의 뇌를 가진 엄마들에게

제멋대로인 아이들이 버겁다가도, 엄마가 해내야 하는 과제에 압도되어 나를 잃어버릴 것 같은 불길한 예감에 휩싸이다가도, 결국에 돌아가는 지점은 언제나 같다. 하루의 끝에 잠든 아이들의 머리맡에서 속삭인다.

"너희들은 말이야. 내가 세상에서 태어나 제일 잘한 일이란다. 한 명도 두 명도 아닌 세 명이나 되는 너희들을 만난 엄마는 정신없음과 깜박거림마저 사랑한단다. 엄마를 이 세상에서 가장 끈끈하고 찡한 공동체인 엄마의 뇌 일원으로 만들어줘서 고마워."

엄마의 뇌가 익숙하지 않아 혼란스럽고 갑갑하고 어려웠던 예전의 나에게, 또 이제 막 엄마의 뇌를 갖게 된 모든 엄마들에게 이 이야기를 해주고 싶다.

"아이는 매일 엄마를 상처 입힐 겁니다. 엄마 역시 아이에게 매일 상처를 입힐 수도 있습니다. 엄마는 아이가 이미 입은 상처 혹은 아이가 앞으로 입을 상처에 몸서리를 치며 밤잠을 설치기도 하고 도처에 숨어 있는 모든 상처의 가능성을 가늠하며 잠 못 드는 밤을 보내기도 합니다. 아이는 이토록 엄마를 취약하게 만듭니다.

하지만 한편으로 그 취약성을 매일 극복할 수 있게 하는 용기를 내게 합니다. 상처와 함께 필연적으로 깊어지는 마음, 누군가를 진심으로 깊이 사랑해본 적이 있을 때에야 알게 되는 내 안의 깊은 헌신이 엄마를 조금 더 성숙한 삶으로 이끌 겁니다.

우리는 결국, 상처 속에서 성장하지 않고는 앞으로 나아갈 수 없는 나를 만나게 될 것입니다(외상 후 성장).

그 과정을 지나며 모든 일에서 배우고 모든 사람에게서 배우게 됩니다(학습 능력 향상).

세상에서 가장 대하기 어려운 작은 사람들에게 그들이 가장 하기 싫어하는 일을 하도록 설득해나가는 일을 반복하며 마음이 굳은 사람과 소통하는 법을 배워가게 됩니다(협상력).

연약하고 스스로 보호할 수 없는 작은 사람을 키우며 하나의 위기에서 또 다른 위기의 가능성을 매순간 넘어서게 됩니다(위기 대처력).

언제나 불분명한 여러 가지 사안들 가운데에서 내 아이를 위한 최선을 발견해내는 능력을 갖게 됩니다(상황 판단력).

누군가의 마음에 가 닿으려 애쓰며 전보다 더 깊고 넓은 감정을 쓰게 됩니다(공감 능력).

엄마라는 이름으로 세상의 모든 엄마들과 순식간에 연결됩니다(연대감).

아이를 둘러싼 위험 요소에 대해서 초단위로 내다보고 멀리서도 감지해낼 수 있는 능력을 키우게 됩니다(선견지명력).

그전까지는 받아들일 수 있으리라 생각조차 해본 적 없던 어려운 마음을 그대로 받아들이게 됩니다(포용력).

온갖 말썽을 피우고 말을 듣지 않는 아이들을 그럼에도 불구하고 사랑할 수 있는 마음을 내 마음속 우물에서 길어 올리는 능력이 커집니다(사랑 능력).

예전 같으면 좌절하고 절망했을 상황을 긍정적으로 받아

들이는 능력이 생깁니다(유연성).

더 나은 시기를 기다리느라 시간만 흘려보내기보다 일단 움직이면서 생각한 것을 구현해가게 됩니다(실행력).

어린 시절을 다시 살며 타인의 마음은 물론 내 마음도 더 깊이 알아가는 능력을 얻게 됩니다(자기성찰력).

이 모든 변화들은 우리의 선택이 불러온 것입니다. 우리가 선택한 모든 것들에 대해 그래왔듯, 결국 우리는 그 선택과 함께 사는 법을 배워나가게 될 거예요. 그러니 다시는 예전으로 돌아갈 수 없다고 절망하지 말아요. 우리는 다시 돌아갈 수 있어요. 처음에 시작했던 그 지점이 아니라 애초에 내가 원했던 바로 그 지점으로 말이에요.

엄마가 된 것을, 엄마의 뇌를 장착하게 된 것을, 진심으로 축복합니다."

엄마 되기의 모드 전환

첫째와 둘째가 어린이집에 간 사이, 친구가 집에 놀러 왔다. 이야기를 나누다 보니 시간이 훌쩍 지나 어느새 아이들이 통학차를 타고 돌아올 시간이 되었다. 집 앞으로 나가 아이들을 인계받고 다시 친구가 기다리는 집으로 돌아왔다.

시시때때로 투덕거리는 첫째와 둘째는 집에 들어가기도 전부터 다투기 시작했다. 나는 항상 그랬듯 둘의 다툼이 더 커지기 전에 아이들을 분리시켜놓았다. 자기 공간이 필요한 첫째는 놀이공간이 있는 베란다로 보낸 뒤 문을 살짝 닫아 주었다. 그런 다음 엄마 품에 안겨 있기 좋아하는 둘째를 안고 소파에 앉아 있던 친구 앞으로 왔다. 친구는 눈이 휘둥그

레지더니 말했다.

"와, 불과 5분 전만 해도 나에게 넌 그냥 친구였는데 지금 보니 엄마구나! 아이들이 다투는 걸 보며 나는 정신이 하나도 없었는데 넌 어쩜 표정 변화 하나 없이 바로 엄마 모드로 바뀌니? 깜짝 놀랐어. 엄마들은 정말 대단하구나."

딱히 특별할 것도 없는 일상적인 엄마의 역할과 기능이었다. 이미 깊숙이 배어 있어 새삼스러운 능력인 줄도 몰랐던 엄마 해결사, 엄마 솔로몬의 모습이 미혼인 친구의 눈에는 그렇게 비쳤다니. 친구의 말 덕분에 나 역시 스스로를 다시 보게 되었다.

생각해보니 그랬다. 나는 그냥 엄마가 된 것이 아니었다. 아이를 낳은 뒤 지금까지 '엄마 되기'의 과정을 지나왔다. 때론 뜨겁고 때론 서늘한 엄마 자리를 내내 지키며 아이들을 둘러싼 모든 것의 배후에 있었고 아이들과 관련된 모든 것을 관장했다. 들쑥날쑥한 것들이 차분한 고요를 찾도록, 예고 없이 튀어 오르는 것들이 고른 결을 가지도록, 언제나 부단히 움직이고 마음을 쓰고 고심했다.

아마도 친구가 짚어주지 않았더라면, 엄마 해결사로서의 능력, 엄마로서의 유능함을 알아차리지 못했을지도 모른다. 엄마라면 당연히 그래야 하는 줄 알았을 것이다. 하지만 누구나 할 줄 아는 일이라고 해도, 숨 쉬듯 하는 일이라고 해도, 당연한 일인 것은 아니다.

어찌어찌, 결국

엄마가 되고 나서 한동안 '나 정체성'과 '엄마 정체성' 사이에서 우왕좌왕했다. 그때는 아이를 둘이나 낳고도(지금은 셋!) 그 뜨거운 마음을 어찌할 줄 몰라 혼란스러웠다. 엄마가 아닌 '나'를 놓치고 싶지 않은 마음이 빵빵한 한편, 그냥 엄마도 아닌 좋은 엄마, 멋진 엄마가 되고 싶다는 마음 역시 강렬했다. 양쪽으로 갈라진 두 마음이 너무 팽팽해서 어느 쪽으로도 향하지 못할 때가 많았다.

상처 줄까 봐 두려웠고, 상처 주는 것 같아 자괴감을 느꼈다. 상처받으면 화가 났고, 엄마로서 그런 감정에 휘둘리는 게 싫기도 했다. 엄마 모드로 변경하는 과정에서 나는 언제나 버벅거렸다. 수시로 해내야 하는 모드 변경은 때때로 어렵고 싫고 괴로운 마음을 통과해야 하는 것이기도 했다.

시시각각 모드 변경을 감행해가며, '어찌어찌' 하여 '결국' 해내기를 반복했다. 엉거주춤 앉았다가도 엉덩이에 스프링이 달린 듯 다시 일어나 분주하게 움직이고, 커피를 마시는 게 아니라 들이키는 엄마의 시간 동안, 나는 '어찌어찌' 하여

'결국'으로 향했다. 물을 떠다주고 떨어진 포크를 주워주고 행주로 식탁 훔치기를 반복하면서 아이들 밥을 먹이다가 결국 내 밥도 먹는 것처럼, '엄마 되기'란 '어찌어찌'의 조각을 이어 '결국'의 조각보를 만드는 일이었다.

아이들 앞에 놓어선 삶의 모든 협곡은 엄마들의 피눈물로 다져지고 평평해진다. 하지만 아무리 엄마라고 해도 그 피눈물을 가뿐히 감내해낼 수 있는 엄마로의 모드 전환이 쉬운 것은 아니다. 엄마 되기에 요구되는 많은 일들은 그전까지 감히 경험해보지 못한 가파른 협곡처럼 펼쳐진다. 그 가파른 협곡 앞에서 엄마들은 겸허함과 압도감을 동시에 느끼면서, 아이의 손을 꼭 붙잡고 아이를 끌어주고 밀어주며 엄마로의 모드 전환을 이루어낸다.

세상의 모든 엄마들이 마주하는 엄마로의 모드 전환은 이런 지난한 과정을 따른다. 그렇기에 그 과정을 지켜보며 천천히 기다려주고 후하게 평가해주고 그 의미를 제대로 밝혀주어야 한다.

그냥 엄마로 충분하다

아이가 한 명이었을 때는 '좋은 엄마'가 되고 싶었다. 아이가 둘이 되었을 때에는 '좋은'이라는 평가가 주는 압박감에서 벗어나고자, 좀 더 구체적으로 '다정한 엄마'가 되고 싶다고 쓰기 시작했다. 자꾸만 거친 표정을 짓는 내 모습을 다정함이라는 표현으로 사포질하고 싶었던 것이다.

아이 셋을 낳아 기르다 보니 다정함조차 구현하기 어려울 때가 많았다. 그리고 아이가 몇이든 정신없는 육아의 한복판에서는 좋은 엄마, 다정한 엄마는커녕, 그냥 엄마로 버티고 서 있는 것도 힘에 부칠 때가 많음을 결국 받아들이게 되었다. 그래서 좋은 엄마, 다정한 엄마가 되기 위해 애써 노력하지 않기로 했다. 물 흐르듯 자연스럽게 해보기로 했다.

이제 나는 '그냥 엄마'가 되었다. 아이들을 처음 만난 그날처럼, 아이들과 함께하는 모든 시간 속에서, 그냥 엄마로 내내 함께할 생각이다. 좋은 엄마, 다정한 엄마가 되어야 한다는 압박이 사라지자 오히려 버티기가 쉬웠다. 그냥 엄마로 충분하기에 그냥 아이들로 충분했다.

육아의 과정은 그 어떤 과정보다 변화와 변수가 많기에 언젠가는 '엄마' 앞에 또 다른 형용사가 붙을지도 모르겠다. 그래도 그건 나중 일이고, 지금은 그냥 엄마로도 충분하다.

시시각각 엄마로의 모드 전환을 하며, 자주 버벅거리며, 때로 마비의 감각을 느끼며, 순간순간 거친 표정을 지으며, 그냥 엄마로 살아간다. 육아의 날들이 강물처럼 흘러간다.

왜 낳지 않느냐는
말 대신에

가끔 아이들과 택시를 탈 때면 기사님들께 어김없이 듣는 말이 있다.

"애국하시네요."

다둥이 엄마들을 독려하라는 지령을 받기라도 한 걸까? 어쩜 그렇게 다들 똑같은 뉘앙스로 똑같은 말들을 하시는지 의아했다. 기사님들이 저출산을 걱정하는 라디오 뉴스를 너무 많이 들어서 그럴지도 모른다는 생각도 했다.

나는 이 말을 받지도 흘리지도 않고 그냥 허공에 띄워놓았다. 그러곤 때때로 생각에 잠기곤 했다. '나의 아이'를 낳기로 한 '나의 선택'을 보자마자 칭찬해주고 싶은 그 마음을 선함과 호의, 친절과 배려로 해석하긴 했다. 하지만 아무리 칭찬이라도 나의 출산과 육아가 '애국'으로 묶이는 것은 사양하고 싶었다. 왜냐하면 내가 아이를 낳기로 할 때, 한 명도 아닌 세 명을 낳기로 할 때, 인구 절벽에 대한 공포와 낮아지는 출산율에 대한 사회적 걱정은 단 한 점도 고려되지 않았기 때문이다.

아이는 낳으라고 낳는 것도 아니고 낳고 싶다고 낳을 수 있는 것도 아닌 것. 출산은 사랑하는 대상에 대한 신뢰와 의지와 약속을 기반으로 이루어지는 것. 또, 보육에 대한 대책이 있어야 감행할 수 있는 것. 보육은 교육에 대한 불안과 걱정이 크지 않아야 커다란 흔들림 없이 해나갈 수 있는 것. 교육은 진로와 취업에 대한 공포가 적어야 가장 적합한 방식으로 나아갈 수 있는 것. 진로와 취업은 은퇴 후 삶을 통합해 나가는 행복한 삶과 신뢰할 수 있는 사회에 대한 전제가 기반이 되어야 가능한 것.

한 생명을 낳아 기른다는 것은, 이처럼 한 사회의 모든 연결고리들을 굽이굽이 살피며 두드려보는 행위가 된다. 아이를 낳고 나서야 비로소 연애-결혼-출산-육아-교육-진로-취업-은퇴로 이어지는 연결의 징검다리들을 실감하게 되기 때문이다. 그래서 한 아이를 낳아 기르는 건 한 마을이 하는 일일 뿐 아니라 온 국가가 하는 일이 된다. 사회의 구석구석

기울어지고 헤진 지점들을 살피는 일인 것이다.

결국 출산율 저하는, 중요하고 시급한 사회적 '쟁점들 중 하나'이기보다, '모든 쟁점들의 종합'인 것이다.

환상과 협박의 출산 촉진

출산이 애국이라는 칭찬을 있는 그대로 받아들이지 못한 이유는 무엇이었을까? 역사상 존재한 (주로 여성의 몸과 선택에 대한 통제에 집중해온) 출산 촉진(혹은 억제) 정책에 대해 생각해보기로 했다.

출산율 저하 문제를 강조하고 출산 촉진 정책에 열을 올리는 모든 정책들의 배후에는 출산 촉진 주의pronatalism가 있다. 사회가 동원할 수 있는 온갖 규범과 법률, 상식과 논리를 총 동원해서 여성들에게 아이를 낳으라고 유언무언의 압력을 가하는 일은 많은 사회에서 계속되어왔다. 출산 촉진을 강조하는 사회일수록, 여성의 몸에 대한 통제는 강했다. 사회는 출산을 하는 여성들에게 온갖 혜택을 주겠다고 이야기하는 동시에, 출산을 하지 않겠다거나 망설이는 여성들에게 벌을 주기도 했다. 정도의 차이만 있을 뿐, 지금 우리 사회에서도 이러한 출산 촉진 주의는 진행형이다.

1916년 '여성에게 아이를 낳아 키우게 하는 사회적 장치 Social Devices for Impelling Women to bear and rear Children'라는 글을 쓴 레타 홀링워스Leta S. Hollingworth의 말을 빌리자면, 사회에는 출산을 둘러싼 장치가 두 가지가 있었다. 하나는 환상이고 다른 하나는 협박이다.

환상이란 좋은 면만 부각시킴으로써 엄마 되기에 딸려 오는 고통과 땀, 한숨을 외면하거나 은폐하는 것을 말한다. 여성에게는 '엄마가 되는 목표'가 강조된다. 마치 아이를 낳아야만 비로소 여성이 된다는 환상을 심어주는 것이다.

반면, 협박은 아이 낳기를, 그것도 사회가 정한 규준에 따라 낳기를 압박한다. 결혼 적령기와 가임기에 대한 압박은 여성의 많은 선택을 제한한다. 그리고 출산과 관련한 수많은 통계 중 크게 부각되고 계속 인용되는 통계는 사회적 장치의 구미에 맞는 것이었다. 그래서 나는 삼십대 초반에 첫째 아이를 임신했을 때부터 노산의 위험에 대한 이야기를 들어왔다. 또, 서른이 되기 전 결혼할 사람을 만나야 한다는 압박감에 시달리며 쉽게 사랑이라 이름 붙이는 여성들을 상담실에서 많이 만나왔다.

아기를 낳아 기르는 결정을 둘러싸고 왜 이렇게 환상과 협박이 담긴 정책들이 펼쳐져야 하는 걸까? 단지 아이를 낳거나 낳지 않았다는 이유로 칭찬받거나 거절당하는 이유는 무엇일까? 어쩌면 아이를 낳아 기르고 싶은 마음이 '자연스럽게' 들지 않기 때문이 아닐까?

여성의 선택과 권리를 존중하지 않는 사회일수록 출산 촉진 주의는 더 강력하게 힘을 뻗었다. 또 그런 사회일수록 여성이 아이를 낳아 기르는 과정에서 부딪히는 난관이 많았다. 이런 관점에서 보자면 출산 촉진 주의는 출산 촉진을 오히려 방해했을지도 모른다는 생각마저 든다.

가장 자연스러운 일이 될 수 있게

출산을 촉진하기만 한 것도 아니었다. 불과 몇십 년 전만 해도 우리 사회가 향하던 출산의 방향은 '억제'였다. 억제를 위해 아파트까지 내걸었던 정부는 이제 촉진을 강조하고 반복한다.

그런데 과연 낳지 말라고 한다고 낳지 않고, 낳으라고 한다고 낳는가. 출산은 개인의 노력과 의지만으로 되는 영역도 아니다. 정책으로 몰아가며 압박하거나 보상하던, 출산을 둘러싼 많은 노력이 결국 수포로 돌아갔다. 억제에서 촉진으로 완전히 뒤집힌 출산 정책을 보면, 가장 자연스러운 일을 가장 인위적으로 몰아가려다 실패한 흔적들이 그대로 드러난다.

지금 우리에게 필요한 것은 출산을 둘러싼 압박도 보상도 한탄도 비난도 아닐 것이다. 아이를 낳고 기르는 과정에서 부딪히는 크고 작은 난관을 치워준다면 낳을 사람은 언제든 낳을 것이기 때문이다.

그렇기에 아이를 낳지 않기로 결심한 커플에게 "왜 아이를 낳지 않느냐?"고 따져 묻기보다 "어떻게 하면 아이를 낳아 기르기 좋은 사회가 될 것인가?" 하고 다같이 고민해야 한다. 출산율 하락이 불러올 '미래'의 사회적 어려움을 계산하기보다, 아이를 낳아 기를 결심을 한 커플이 '지금' 맞닥뜨린 어려움을 살펴주어야 한다. 아기를 낳아 기르고 싶은 사회를 만들어나가는 일이 다른 어떤 출산 촉진 정책보다 더 중요하고 근본적이다.

출산 장려가 아닌 출산 축복을

영국에서 아이들과 함께 택시를 탔을 때였다. 그날 나는 한국에서 으레 듣던 애국과는 다른, 신선하고도 담백한 이야기를 들었다. 낑낑거리며 아이들을 태우고 각자 안전벨트를 채워주고 아이들을 조용히 시키느라 진땀을 흘리는 나에게 기사님은 딱 한 마디 말만 반복하셨다.

"축복합니다Bless you!"

너무 깊은 진심도 아니고 그렇다고 상투적으로 내뱉은 말도 아닌, 마음과 표정과 말의 내용이 어긋남 없이 하나인, 담백한 일상의 말, 듣기에 참 좋은 말이었다.

나는 '애국한다'는 칭찬을 그냥 받아들지 않았던 것처럼, 그날의 축복도 그냥 받지 않았다. 택시에서 잠든 아이들을 한 명씩 집으로 옮기며 생각했다. 기사님이 나와 아이들에게 준 축복은, 우리가 이런저런 출산 장려 대신 '출산 축복'으로 나아가야 함을 비춰주는 거라고. 우리에게 필요한 사회는 출산 축복을 기꺼이 남발하는 곳이라고.

모든 피어나는 존재들에 대한 축복의 세례를 충분히 쏟아줄 수 있는 사랑 넘치고 신뢰 가득한 사회를 꿈꾼다. 세상의 모든 아이는 우리 곁에 와주었다는 이유 하나로, 축복의 존재들이니까.

엄마의 자책과
엄마 비난

20년도 더 된 일이다. 미국에서 한 한인가정에 침입자가 들어와 아이들을 죽인 사건이 있었다. 슬픔과 울분에 정신이 나간 엄마는 절규하며 외쳤다.

"내 탓이야. 내가 그런 거야. 내가 아이들을 죽인 거야."

문화적 차이에 무지했던 경찰은 이 말을 자백으로 받아들여 그녀를 체포했다. 그녀가 다시 풀려 나오기까지는 지난하고 힘겨운 싸움이 필요했다. 그 절규가 오래 내 마음에 남았다. 엄마는 왜 그토록 깊이 자책해야 했을까?

누구에게도 비난받을 일이 아닌데, 엄마들은 자식의 일에 쉽게, 깊이 자책한다. 나는 그 이유를 아이의 거의 모든 일에 엄마의 책임부터 묻고 보는 사회·문화적 관습에서 찾는다. 우리는 '엄마 비난 사회'에 살고 있다.

'엄마니까'라는 틀에 갇히다

말썽꾸러기 아들을 키워낸 한 엄마가 아들을 결혼시키기 전에 예비 며느리에게 했다는 말이다.

"얘야, 미안하다. 내가 저 아이를 키우면서 문만 열면 죄송하다고 말하면서 살았거든. 이제 나는 한시름 덜었는데 네가 고생할까 봐 걱정이다."

처음엔 '문만 열면 죄송하다고 말한다'는 표현이 절묘해서 한참 웃었지만 지금은 마냥 재미있는 말은 아니게 되었다. 나 역시 천방지축 삼남매를 키우며 문 열기가 무서워지는 육아의 시간을 보내고 있기 때문이다.

'죄송합니다'가 입에 붙은 삶이란 얼마나 위축된 삶인가. 더구나 내 잘못이 아닌 나와 연결된 누군가의 잘못에 대한 죄송함이란……. 내 잘못이 아니기에 통제감을 느낄 수도 없고 범위를 제대로 파악하기도 어렵다.

이런 생각을 하다 보면 우리의 결혼과 육아가 왜 이토록 무거운지 이해가 된다. 엄마가 되면서 우리는 죄송함의 세계에 편입된다. 탄탄한 자존감과 눈부신 자부심을 지닌 사람이라도 엄마가 되어 아이의 일 앞에 서면 언제나 작아진다. 문을 열고 집 밖으로 나가기도 전에 자기검열의 육아가 시작되는 것이다.

결혼을 하고 엄마가 되면서 그전까지는 나에게 향하지 못했던 말들이 나에게도 따라붙기 시작했다. 내가 결혼을 결심한 그 시점부터 우리 엄마는 '딸 가진 죄인'이라는 말을 맥락 없이 반복하셨다. '딸 가진 죄인'에 이어 '남자는 여자 하기 나름', '아이는 엄마 하기 나름'이라는 말도 결혼과 육아에 딸려 왔다.

'아이는 엄마 하기 나름'이라는 말은 사실상 아이가 잘못되면 엄마가 온갖 비난의 화살을 면치 못함을 의미한다. '엄마 덕분'이라는 칭찬조차 '엄마 때문'이라는 비난과 한 쌍이었다. 이 말들은 하나같이 여성에게 많은 책임감과 가짜 통제감을 주는 이야기였다. 그리고 엄마 비난으로 향하기도 쉬웠다.

우리는 엄마가 되기 전부터 너무 많은 이야기를 들어오며 '엄마니까'의 틀에 자발적, 비자발적으로 갇히게 된다. 그러한 구속은 육아를 하는 어느 순간 우리 안에서 구체적으로 발동된다. '엄마니까 그래야 한다'는 목소리가 우리 내면과 우리를 둘러싼 모든 곳에서 울려 퍼진다. 하지만 육아는

'엄마라도' 어찌할 수 없는 일투성이다.

아기는 엄마를 비난했을까

첫아이는 영아 산통이 심했다. 아이가 태어난 뒤로 잠을 제대로 자본 적이 없었다. 하루 종일 울고 있는 아기와 씨름을 하다 보면 몸과 마음이 피폐해지는 듯했다. 악을 쓰는 아이를 안고 침대 주변을 돌고, 울음을 멈추기 위해 이런저런 시도를 해보고, 결국에는 아기를 안고 흐르는 눈물을 훔치길 반복하는 날들이 돌 무렵까지 계속 되었다.

어느 날은 악을 쓰는 아기에게 울면서 소리쳤다.

"엄마가 대체 뭘 잘못했니?"

내뱉고 보니 조금 이상한 말이었다. 하지만 또 가장 원초적인 생각이 담겨 있기도 했다. 울면서 하는 말에는 모든 방어와 이성적 사고가 해제된, 가장 생생한 이야기가 담겨 있다. 말을 내뱉고 나서야 아기의 울음을 내내 잘못 해석하고 있었음을 알았다.

아기의 울음은 그저 '불편하다'는 단순한 메시지를 전달할 뿐이다. 불편해서 울음을 터뜨릴 뿐 엄마가 뭘 잘못하고 있다고 이야기하는 건 아니다. '뭔가 하라'는 건 맞지만 그렇다고 '엄마가 잘못하고 있어'라고 하지는 않았다. 하지만 나는 마치 그런 비난을 듣기도 한 듯, 상상의 비난에 답하고 있었다. 어떤 잘못을 한 것도 아니고 충분히 잘 돌보고 있었는데도 말이다.

그 충분함을 알면서도, 아기가 울면 마음에 죄책감 버튼이 가차 없이 눌렸다. 몇 가지 조건이 이제 막 엄마가 된 나를 죄책감에 취약하게 했다. 잠을 충분히 자지 못하고 명료한 사고를 나눌 대상이 없이 울음이 유일한 표현 수단인 아기와 하루 종일을 보내는 날들이 계속될수록, 또 아이의 불편감을 제거해줘야 한다는 목표의식으로 똘똘 뭉쳐 하루하루를 보내며 몸과 마음이 지친 상태일수록, 엄마는 죄책감에 한없이 취약해진다.

그리고 엄마 노릇이 처음임을 감안하지 않고 처음부터 잘하기를 스스로에게 기대하고 그 기대에 맞춰 스스로를 비난할수록, 엄마는 자책하기 쉬워진다. 게다가 나는 성격적으로도 죄책감에 취약했다. 일을 할 때는 도움이 되었던 책임의식과 완벽주의가 육아를 할 때는 그 어떤 것보다 큰 걸림돌이 되었다.

나는 그렇게 나도 모르게 자책하며 엄마 비난에 동참하고 있었다.

울음소리와 죄책감

반면, 아기의 울음에 대한 남편의 반응은 나와는 크게 달랐다. 반응 속도도 달랐고 반응 양식도 전혀 달랐다. 남편은 악을 쓰는 아기의 울음소리를 듣지 못한 채로 평온하게 잘 수 있었다. 그런 남편의 모습을 보며 처음에는 의구심과 원망이 밀려왔다.

'어떻게 저렇게 평온할 수 있는가?'

하지만 점차 죄책감을 내려놓기로 하면서 질문을 바꿔보았다. '왜 나는 이토록 쩔쩔매는가?' 질문이 달라지자 답도 달라지고 감정의 색조와 강도도 달라졌다. 아기 울음에 대한 반응 차이는 '그의 무관심'에서 온 것이 아니라 '나의 죄책감'에서 오는 것. 더 근본적으로는 엄마의 죄책감을 장려하거나 이용하는 엄마 비난 때문인지도 몰랐다.

결국 엄마인 내가 아기의 울음소리에 더 취약하기에, 그런 나보다는 아기의 울음소리에 평온할 수 있는 남편이 아기를 달래는 게 서로에게 더 좋다는 결론에 도달했다. 원망하며 남편을 깨우는 대신, 시간을 정해 남편을 깨웠다. 아기가 울면 바로 달려가는 대신 물 한 모금 마시고 다가갔다. 그렇게 하니까 "대체 왜(엄마가 뭘 잘못했기에) 우냐"고 성급하게 내뱉는 대신 "어디가 불편하냐"고 물어보기 더 쉬워졌다.

다른 스트레스로 마음이 어지러운 날에는 심호흡을 자주 했다. 그렇지 않아도 취약한 마음에 또 다른 감정이 들어오지 못하도록, 들숨으로 좋은 생각을 삼켰고 날숨으로 마음의 먹구름을 내쉬었다. 그래야 전날의 감정적 잔해가 다음 날로 넘어가는 일을 막을 수 있었다.

감사와 축복의 인수인계

이런 성찰을 매일 한다고 해도 '죄송합니다'는 엄마 되기에 숙명적으로 따라붙는 서사였다. 나는 상황 파악도 하기 전에 반사적으로 죄송하다고 외치고 다녔고 언제든 죄송하다고 말할 준비가 되어 있었다.

어느 날 유모차를 끌고 가다가 문득 내가 지나치게 긴장하고 있다는 생각을 했다. 죄송함을 남발하는 것도 문제인 것 같았다. 마음을 바꾸기 위해 일단 행동부터 바꾸기로 했다. 유모차에 길을 터주기 위해 길 바깥쪽에 멈춰 선 낯선 이에게 죄송하다고 말하며 서둘러 자리를 피하는 대신 멈춰 서서 말했다. "고맙습니다"라고.

그렇게 말하면 상대도 대부분 웃어주었다. 어쩌면 상대방도 죄송하다는 말보다는 고맙다는 말이 더 듣기 좋지 않을까?

죄송함을 남발하지 않아야 정말 죄송하다고 말해야 할 때 용기를 내고 진심을 담을 수 있는 힘을 비축해두게 된다는 사실도 떠올렸다. 그러니 앞으로는 비난을 의식하며 위축되지 말고 배려를 부탁하며 감사를 전하기로 했다. 그래야 언젠가 며느리나 사위를 만났을 때, 죄송함이 아닌 감사와 축복의 인수인계를 해줄 수 있을 것 같았다.

비난은 엄마의 것이 아니다

저만치 달려 나가는 아이들의 뒷모습을 조마조마한 마음으로 바라보며, 나는 한 가지 캠페인을 시작했다. 비난하는 자도, 자책하는 자도 되지 않기로. 일단 나부터 엄마 비난 사회를 종식시키기로.

아기가 자랄 때 필연적으로 거치게 되는 온갖 자잘한 만행과 실수와 시행착오의 과정에서, 그 모든 것을 담아주고 덮어주고 보조해주는 엄마라는 존재는 정말로 중요하다. 이를 위해 엄마는 자신이 할 수 있는 모든 힘을 총동원해서 자기 나름대로 아이를 위한 최선의 선택을 한다. 어찌되었든 엄마는 아이에 대해 마음을 놓지 못한다. 책임감을 필연적으로 감수하게 되고 가짜 통제감이라도 어떻게든 발휘하려 애쓰게 된다. 그러니 온 마음을 다해 아이를 키워나가는 엄마가 수고한 것은 맞다. 하지만 반대로, 아기가 잘못되었다고 엄마가 무조건 비난받아야 하는 것은 아니다.

자책한다는 것은 엄마 스스로 비난을 하는 자이자 받는 자가 되는 것, 그럼으로써 엄마 비난 사회에 동참하게 되는 것이나 다름없다. 모든 혁명은 내면에서부터 시작된다. 엄마 비난 사회를 종식시키고 싶다면 일단 엄마 마음속 자책부터 멈춰야 한다.

아이에게 아토피가 있어도, 아이에게 사고가 나도, 아이가 무엇을 못해도, 항상 '엄마가' '엄마 하기 나름'이라는 말을 내뱉으며 무책임하게 비난의 단초를 꺼내놓는 사회에서 엄마는 쉽게 비난받고 쉽게 자책한다. 하지만 사실, 아이에게 아토피가 있다면, 아이에게 사고가 난다면, 아이가 무언가를 못한다면, 엄마는 그저 가장 큰 고통과 아픔을 느낄 사람일 뿐이다. 아이들이 커나가는 과정 중에 일어난 모든 일에 대한 비난을 감수해야 할 사람은 엄마가 아니다.

세상에서 가장
끈끈한 관계

내가 감기에 걸려 기침을 할 때마다 엄마는 급격히 표정이 어두워진다. 그리고 과거 어느 때의 일을 떠올리며 늘 똑같이 자책한다.

"그 옷이 정말 예쁘고 깜찍하긴 했지. 한겨울에 입기에는 조금 얇긴 했지만 그래도 예쁘니까 입혀서 데리고 나갔는데……. 아 글쎄, 코감기, 목감기가 심하게 걸려버린 거야. 네가 몸이 약하고 감기를 달고 사는 게 그때 일 때문인 것 같아."

무려 40여 년 전의 일과 지금의 감기를 연결 짓다니! 40년의 간극을 이어 붙이는 엄마의 놀라운 능력에 입이 벌어진다. 나는 이 엄청난 연관력에서 세상 모든 엄마들의 자책을 듣는다. 잘못된 인과관계의 덫이다. 이 덫은 자신에게 적용하면 자책이 되고 타인에게 적용하면 경계 없는 육아 훈수가 된다. 그래서 육아를 하면서는 인과관계와 상관관계의 차이를 확실히 하는 것, 그리고 나의 경계와 타인의 경계를 선명하게 긋는 것이 정말 중요하다.

엄마가 어떻게 해서 아이가……

임신 중에 정말 열심히 음식을 절제한 친구가 있다. 친구는 금욕적인 자세로 음식을 가렸다. 좋은 음식, 건강한 음식만으로 자신을 채웠고 칼로리도 계산하면서 먹었다. 절제와 절식, 까다롭고 깐깐한 선택으로 아이에게 최선의 출발선을 주고 싶어 했다. 그런데 안타깝게도 태어난 아이는 이런저런 알레르기와 아토피 때문에 고생했다. 친구는 기가 막혔다.

"내가 얼마나 열심히 음식을 가렸는데……. 음식 가리기가 얼마나 힘든 일인데……."

허탈과 허망함을 느끼면서도 친구는 '엄마가 어떻게 해서'라는 범위를 벗어난 생각은 하지 못했다. 그리고 마치 같은 동전의 앞뒷면만 뒤집어놓듯, 다시 한숨을 쉬며 중얼거렸다.

"아마도 너무 가린 게 문제였나 봐."

역시 '엄마가 어떻게 해서'에 걸려 있는 생각이었다. 그 생각의 틀이 너무 견고해서 나는 감히 어떤 말도 꺼내지 못했다. 어쩌면 그건 엄마가 어떻게 할 수 있는 범위가 아닐지도 모르니 마음을 좀 더 편히 가지라고. 아이 셋을 키워보니 피부, 식습관, 잠버릇, 취향까지 하나같이 다 다르더라고. 한 뱃속에서 나왔지만 너무나 다른 아이들을 보면서, '내가 어떻게 해서 아이가 이렇게 됐다'는 생각은 좀 덜하게 됐다고. 내 경험을 포갠 위로도 건네지 못했다.

어찌되었든 상관관계다

물론 아이에게 있어 엄마의 영향력은 어마어마하다. 아이는 엄마의 유전자를 받았고 엄마의 몸을 뚫고 나왔고 엄마와 가장 많은 시간을 보내며 엄마의 말, 엄마의 행동, 엄마의 모든 것을 흡수하며 자란다. 하지만 그렇다고 '엄마가 이렇게 해서 아이가 이렇게 되었다'라는 결론을 내린다면 우리는 상관관계와 인과관계를 착각하고 있는 것이다.

아이와 엄마는 세상에서 가장 끈끈한 관계이긴 하지만,

어찌되었든 상관관계다. 인과관계가 아니다. 'A와 B 사이에 관련이 있다'는 것과 'A 때문에 B가 발생했다'는 것은 전혀 다른 이야기다.

아이에게 일어났거나 일어날 많은 일들, 특히 좋지 않은 일들에 대해서 '내가 어떻게 해서(하지 않아서)'라고 생각하기 시작하면 그 생각은 꼬리에 꼬리를 물어 엄마 마음을 파국으로 이끈다. 이미 피로한 엄마는 압도감과 무력감에 잠을 이룰 수 없게 된다.

우리가 살아가고 성장해나가는 모든 과정에서는 사람이 쥐락펴락할 수 없는 영역이 반드시 존재한다. 특히나 아이들은 결코 그 누구의 뜻대로 주무를 수 없는 존재다. '내가 어떻게 해서'라는 공식을 따라 아이들을 대하다 보면, 처음에는 의욕과 의지에 불탈지 몰라도 시간이 갈수록 지치게 되고, 결국에는 서로가 서로를 원망하는 관계로 치닫을 수도 있다. 엄마와 아이를 인과관계라는 협소한 틀 안에서 살피는 일은 결국 모두를 불행하게 한다.

상관관계라고 고쳐 쓸 수 있을 때

심리상담을 받거나 심리학 도서를 읽으며 자신의 마음을

들여다보기 시작했더니 부모님 탓을 많이 하게 되더라는 사람들을 상담실 안팎에서 많이 만나왔다. 그들의 이야기를 듣다 보면 상관관계와 인과관계가 뒤엉켜 있는 것을 발견하곤 했는데, 상관을 이야기해야 할 자리를 인과가 덮어버리는 식이었다.

그럴 때 나는 조금 더 마음을 살펴보라고, 아직은 단정 짓지 말고 확실히 알게 될 때까지 마음을 펼쳐보고 표현해보라고 말해준다. 다음의 세 가지 이유 때문이다.

.... 부모와 자녀 사이에는 서로에 대해 조금밖에 알지 못해서 또는 다 알지 못하면서 다 안다고 단정 지어서 생기는 상처가 훨씬 많기 때문에.

우리의 삶은 한두 사람의 탓이나 덕분으로 결정될 만큼 가볍거나 간단하지 않기 때문에.

인과관계라고 믿었던 모든 것들에 대해 상관관계라고 고쳐 쓸 수 있을 때야말로 삶의 모든 관계들 속에서 느낀 정체감과 갑갑함, 막막함으로부터 더 자유로워질 수 있기 때문에.

나중에 아이들이 이 모든 상관관계와 인과관계를 따져볼 수 있을 만큼 자기 삶을 성찰할 시기가 되어 나에게 따져 물어올 걸 상상해본다. 그리고 그때를 위해 어떤 감정이든 생각이든 서로에게 표현할 수 있는 통로만은 아이들이 커가는 동안 내내 열어두자고 다짐한다. 아이들이 자신에게 가장 강력한 환경이었고 여전히 그 환경의 잔재로 존재하는 나에게 "엄마 왜 그렇게 했어?"라고 물어볼 수 있게 말이다.

아이가 나에게 물으면 이렇게 대답해줄 것이다.

"미안해. 엄마가 그때는 이러저러해서 그게 최선이라고 생각했는데, 지나고 보니 더 좋은 최선이 있었던 것 같아. 그래서 상처받은 마음이 있었다면 정말 미안해. 엄마의 부족한 선택 때문에 네가 상처받게 되었다니 엄마도 마음이 아프다. 지금이라도 얘기해줘서 고마워. 앞으로 엄마가 어떻게 해주면 좋을까?"

사실 이건 상담실에 뒤늦게 불려온 부모들이, 자녀들에게 해주면 좋겠다고 생각한 모범 반응이다. '왜'를 물으며 상관관계와 인과관계를 헷갈려하는 자녀들에게 많은 부모님들이 "어떻게 네가?"라고 날을 세우며 공격하거나 "내가 너를 어떻게 키웠는데"라고 하면서 방어하는 모습을 보였다.

하지만 자녀들이 내뱉는 '부모 탓'은 결국 인과관계에서 벗어나려는 첫 번째 시도인 경우가 많다. 대부분의 사람들은 "어떻게 그럴 수가 있어요?"라며 따끔한 상처의 감각을 드러내다가도 그 마음이 받아들여지면 "듣고 보니 그럴 수도 있겠군요"라며 차분한 이해의 감각으로 넘어간다. 이럴 때 관계는 제자리를 찾는다. 세상의 모든 오해는 이해로 가는 첫걸음이기 때문이다.

정말로 엄마 때문일까?

심리학은 어떤 면에서는 수많은 연구와 이론을 총동원해서 부모가 아이에게 어떤 심리적 영향을 미치는지를 설파한다. 그리고 이 과정에서 상관관계가 인과관계로 둔갑하기도 한다.

한때 널리 사용되었던 심리 개념 가운데 '조현병을 일으키는 엄마'라는 개념이 있다. 엄마의 냉담함과 이중 구속(이러지도 저러지도 못하게 하는 말과 행동)이 조현병의 원인이 되었다는 이 간단한 이야기는, 파급이 오래 남았다. 물론 이제는 이런 이야기를 하는 사람이 없지만, 그럼에도 우리는 여전히 암묵적인 단정의 잔재로부터 자유롭지 못하다.

아이의 실패는 곧 엄마의 실패라는 이야기, 아이에게 문제가 생기면 엄마가 뭔가를 하거나 하지 않아서라는 이야기를 우리는 쉽게 하고 또 쉽게 듣는다. 아이를 향한 엄마의 행동과 말, 선택에는 이런 전제가 담겨 있고, 많은 육아서와 육아 이론에도 이런 생각이 흐르고 있다.

하지만 만약 엄마 때문에 아이가 잘못된다면, 우리가 '엄마 때문'이라는 이유밖에 찾지 못했다면, 아이의 성장 과정에 관여하는 사람이 정말 '엄마밖에' 없다면, 그것이야말로 엄마를 탓할 문제가 아니다. 그것은 엄마 한 사람의 실패가 아니라 자라나는 아이가 속한 사회의 실패를 의미하기 때문이다.

가장 끈끈하고 강력한 상관관계

아이들은 결코 '엄마가 어떻게 해서 어떻게 되는 존재'가 아니다. 영향력을 미칠 수 있는 부분은 있지만 아무리 최선을 다해도 돌아오지 않는 최선이 있고, 미처 마음을 써주지 못했는데 이미 저만치 혼자 해내고 있는 것도 있다.

하나를 넣었더니 하나가 나오고 콩을 심었더니 콩이 난다지만, 한 부모 밑에서 자란 아이들조차도 제각각이고 한 명의 부모에게도 여러 면면이 있다. 결국 부모 자녀 관계는 어찌되었든 상관관계다. '큰 영향'을 '주고받는' '긴밀한' 상관관계일 뿐, 결단코 인과관계는 아니다.

그래서 나는 아이에게 못 해준 것이 많거나 하지 말아야 할 말이나 행동을 한 것 같아 마음이 무거운 날이면, 아이와 내가 인과관계의 협소한 가능성에 묶인 관계가 아닌, 세상에서 가장 끈끈하고 강력한 상관관계에 묶인 관계임을 되새긴다. 그렇게 아쉬운 오늘은 오늘로 갈무리하고 내일로 향하기로 한다.

내일은 더 나은 시도를 해볼 수 있는 백지의 가능성이 또다시 주어지는 것에 안도하며, 성찰과 반성이 죄책감으로 치닫기 전에 내일을 기약한다. 그리고 엄마의 탓도, 엄마 덕도 아닌, 종국에는 너 자신으로 살아가라고 잠든 아이의 머리칼을 쓸어보게 된다.

2장

엄마의 사진첩에는 엄마가 없다

육아 최전선,
엄마의 전성기

친구가 이런 말을 한 적이 있다. 가장 가까이에서 내가 아이들을 키우는 것을 지켜보며 때때로 도움을 주던 친구였다.

"아이들은 정말 엄마가 죽지 않을 만큼만 딱 살려두는구나!"

매일 아이들과 지내다 보면 이 말이 정답이다 싶은 순간이 있다. 하지만 그러면서도 '살려는 주더라', '죽으라는 법은 없더라' 하면서 뚜벅뚜벅 걸어가는 것이 육아라고 생각했다.

육아가 힘겨운 이유는 어제가 오늘 같고 오늘이 내일 같다는 데 있다. 아이들은 매일 성장하지만 항상 붙어 있는 엄마의 눈에는 그것이 잘 보이지 않을 때가 많다. 성장보다는 성장통만 매일 목격하는 것 같다.

제자리걸음하듯 매일 똑같이 쏟아지는 과제들을 받아들며 자주 한숨을 쉬고 의혹에 찬다. 대체 이 모든 것은 어디를 향해 가는가. 잠시 생각에 차 있다가 예전에 들었던 선배 맘들의 이야기가 떠오른다.

"그래도 아이들이 나를 찾을 때가 인생에서 가장 좋은 시기였어."

"다시 돌아갈 수만 있다면 그 시간을 좀 더 즐기고 좀 더 웃으면서 좀 더 다정하게 보내고 싶어."

아마 이 이야기는 경험해본 사람만 해줄 수 있는 삶의 귀한 통찰이자 지혜일 것이다. 내가 아직 보지 못하는 그림, 자주 잊어버리는 그림이 분명 있을 것이다. 한숨과 의혹에 찬 지금이라도, 지나고 보면 가장 돌아가고 싶은 절정의 시기로 기억될 것이다.

최고의 전성기

첫아이를 낳고 쩔쩔매며 아이를 키우던 때 얼마간 써오던 고정 칼럼을 계속 써나가기가 너무나 힘에 부쳤다. 칼럼을 그만둬야겠다고 담당자님께 말했더니, 단지 메일만 주고받을 뿐이었던 그분이 이런 말씀을 해주었다.

"작가님, 그냥 즐기세요. 아마 지금은 제 말이 와닿지 않으실 거예요. 저도 그랬으니까요. 그런데요. 지나고 보면 그때가 제일 좋았다는 걸 알게 되실 거예요. 그러니, 즐기세요."

칼럼은 결국 그만 쓰기로 했고, 그 후로 아이 둘을 더 낳았고 시간은 더 없어졌다. 그때 마감 시간을 맞추느라 압박을 받으며 써내려간 칼럼이 어떤 것이었는지 이제는 잘 기억도 나지 않는다. 그래도 그때 들었던 '즐기라'는 말만큼은 강하게 붙잡고 있다. 육아의 시간을 즐기는 것 외에는 다른 뾰족한 수가 없음을 더욱 실감했기 때문이다.

한편으로는 반론을 펼치고 싶기도 하다.

'어떻게 이 정신없는 상황을 즐길 수 있다는 말인가?'

육아하는 마음은 이렇게 순간순간 오락가락한다. 하지만 원래의 나로 돌아올 수 있는 아주 짧고 고요한 시간이 되면 잠든 아이들의 머리를 차례로 쓰다듬으며 지금이 내 삶의 최전성기임을, 지금 내가 서 있는 이 자리가 꽃길임을 어김없이 받아들이게 된다.

.... 결코 화려하지 않은 전성기.

거친 마음의 결과 일상의 불협화음을 내내 사포질하고 다듬어나가야 하는 전성기.

한시도 몸과 마음을 놓을 수 없는 전성기.

내내 오르막길인 것 같지만, 그래서 내리막길을 걱정하지 않아도 되는 전성기.

아이들이 커가는 것이 아까워 뭉클하다가도 곧바로 빨리 크기를 재촉하게 되는 전성기.

가파르게 성장하고 변화해가는 아이들의 성장통에 매일같이 타격을 입는 전성기.

너무 큰 축복을 내 작은 그릇에 다 담지 못할 때가 많은 전성기.

생명의 신비와 극치의 귀여움에 가슴이 뭉클했다가도 돌아서는 순간 너무 사소한 일에 가슴이 짓눌리는, 조울의 육아 전성기.

어제의 아이는 내일의 아이가 되어간다

둘째는 떼쓰기 대마왕이다. 삼남매 중 둘째라서, 또는 민감한 성격을 타고나서 그럴 것이다. 아이는 '흥!' 하고 마음이 삐쳐서 하루를 시작하고, 떼쓰기와 악쓰기가 한번 시작되면 쉽게 마음을 풀지 않는다.

들쭉날쭉한 아이의 변덕과 감정적 폭발에 이리저리 흔들리다 보면 대체 언제쯤 이 악순환에서 벗어날 수 있을지 한

숨이 절로 난다. 그리고 나도 모르게 아이의 모든 행동에 더 예민해진다.

매일같이 반복되는 "흥! 엄마 미워!"라는 말을 꾹꾹 참아내다가 더는 담아내기 힘들어 갑갑해진 날이었다. 그날도 아이는 악을 쓰고 떼를 쓰다 결국 "엄마, 미!"까지 나를 향해 내뱉었다. 무슨 말을 할 줄 알고 있었기에, 아이보다 앞서 얼른 소리쳤다.

"뭐, 밉다고? 나도 그래. 밉다고 하면 뭐 무서울 줄 알고? 나도 너 미워!"

억지로 뚜껑을 덮어버리듯 말하고 돌아서는데, 원래 같으면 화를 내고 뒤집어졌을 아이가 갑자기 흐느끼기 시작했다. 나는 멈칫했고, 가슴 한구석이 시큰해졌다.

"아니, 아니. 엄마 미안하다고. 미안해요, 하고 싶었어."

엄청난 오해였다. 아이는 어제의 아이가 아니었다. 매일같이 악쓰고 성내고 어떤 말로 타일러도 튕겨 나가는 듯했던, 그 아이가 아니었다. 또, 아이는 어제의 아이이기도 했다. 아이가 내가 하는 모든 말을 들어왔음을, 안 듣고 못 들은 것 같아도 내 말을 마음속 어딘가에 담아두고 있었음을 그때 알았다.

내가 어떻게 해도 바뀌지 않는다며 고개를 내젓던 사이에, 아이는 '미워'를 '미안해'로 바꾸는 능력을 키우고 있었다. 할 줄 아는 것을 밖으로 꺼내는 데에 시간이 조금 더 걸렸거나 그 과정 동안 진통의 폭이 컸을 뿐, 아이는 자라고 있었던 것이다. 육아의 시간이란, 어제의 아이가 내일의 아이가 되어가는 과정에서 비롯되는 고통을 오늘의 엄마가 겸허히 묵도하는 시간이 아닐까? 아이와 엄마, 우리 모두에게는 성장할 수 있는 시간과 성장을 봐줄 수 있는 마음이 필요하다.

육아의 최전선에서

육아를 하다 보면 아무리 앞으로 나아가도 결국 제자리로 돌아오는 듯한 정체의 감각에 시달리게 된다. 마치 엄마 시시포스가 된 것처럼, 힘들게 돌을 굴려 어느 지점에 가져다 놓지만 올리기가 무섭게 다시 제자리로 굴러떨어지는 것을 목격한다. 하지만 그런 중에도 결국 내 눈길이 향하는 곳은 아이들이다. 확실히 성장하고 있는 아이들. 아이들이 한 뼘 더 커가는 만큼 나도 한 뼘 더 깊어져간다.

그전까지는 효율과 생산, 속도에 기울어진 삶을 살았다. 최대한 많이 쌓는 게 좋은 거라고 믿었다. 무엇을 쌓았는지를 끊임없이 묻는 세상에서 살아왔기 때문이다.

그곳은 인정 투정의 세상이었다. 트로피와 직위와 자격증으로 계산되고 비교되는 세상. 이 인정 투정의 세상은 여전히 나에게 의미가 있다. 사랑받는 것만큼, 인정받는 것은 중요하다.

하지만 아이들을 키우면서 또 다른 세계에 눈을 뜨게 되었다. 그곳에서 잊은 줄 알았던 유년기의 나를 다시 만나게 된다. 삶의 엑스트라와 배경에 주인공 자리를 내어주고 모든 존재에 우리만의 이름을 지어준다.

순간을 즐길 줄 아는 작은 사람들의 순수를 지켜주며, 세상의 속도에 맞춰 살아내느라 시들어가고 있던 마음속 순수와 재접속한다. 세상과 사랑에 빠지기 시작한 아이의 눈으로 다시 세상을 만나는 기쁨을 알게 된다.

그렇게 엄마는 성장과 성숙의 겹과 층을 쌓아간다. 직선으로 뻗어나가는 인정 투쟁의 시간 속에서는 온전히 볼 수 없었던 삶의 갈래들, 표정들, 화음들을 만나게 된다. 작은 아이들의 통통한 손을 잡고 그동안 놓쳐온 삶의 그림들과 퍼즐조각들을 제대로 살피고 맞춰가는 시간을 부여받게 된다.

매일 같은 자리를 맴도는 것 같지만, 이 모든 반복 속에서 깊고 깊은 뿌리를 내려가는 엄마의 성장기를 실감한다. 육아 최전선에서 내 삶의 최전성기를 맞이한다.

엄마에게 필요한 숨과 쉼

주말 아침, 새벽부터 일어난 아이들의 성화에 오늘도 준비 없이 느닷없이 하루를 시작했다. 주중에는 남편이 집에 있는 주말을 내내 기다리는데, 막상 주말이 오면 주중과 크게 다르지 않을 때가 있다. 뭉쳐 있는 몸과 마음을 움직이려니 마음이 갑갑해진다.

감기 기운이 있어 조금 늦게 일어난 남편이 내 얼굴을 보더니 말한다.

"잠깐 나갔다 와요. 바람 좀 쐬고 와요."

나는 그 말에 분명히 답하지 못한 채 가스 불에 닭죽을 올리고 쌀을 씻어 밥솥에 안치고 설거지를 하기 시작했다.

'어떻게 나가. 할 일이 산더미인데. 엄마가 나간다고 하면 아이들은 분명 울고불고 할 텐데. 막내 기저귀도 아직 못 갈아주었는데. 며칠 전부터 아이 감기가 심해져서 마음을 놓을 수도 없는데. 아이들 먹을거리도 준비해야 하고 빨래도 해야 하는데. 더구나 남편 컨디션도 좋지 않은데.'

나가지 않아야 할 이유는 익숙하고 분명하고 구체적이었다. 반면 나가야 할 이유는 불분명하고 뚜렷하지 않게 느껴졌다. 그 순간 투덕거리면서 놀던 첫째와 둘째가 소리를 지르며 쫓기 놀이를 하다가 펄펄 끓는 냄비가 있는 부엌으로 돌진해 온다. 나도 모르게 밀쳐내자, 둘째가 서럽게 운다.

남편이 다시 말했다.

"가서 바람 좀 쏘이고 와요. 나한테 맡겨요."

남편이 노트북을 쥐어준다. 나가야 할 이유를 쥐어준다. 노트북 배터리가 얼마 남지 않았음을 알면서도 도망치듯 나왔다. 아이들이 울까 봐 서둘러 나오느라 잘 때 입는 옷에 외투만 하나 걸쳤다. 신발도 꺾어 신은 채로 종종 걸어 나와 제대로 고쳐 신었다. 나오기 전에 슬쩍 거울을 보았는데, 오래 들여다보고 싶지 않았다.

집 밖으로 나와 몇 걸음을 걸으니 사뭇 다른 공기가 가슴에 스며든다. 달라진 풍경을 보고 달라진 공기를 마시니 마음속 먹구름이 걷히고 조금씩 활기가 들어찬다.

이렇게 상쾌하고 가벼운데, 나는 항상 놓고 나오지 못했다. 육아에 걸쳐 있던 몸과 마음의 관성이 너무 강해서 그것으로부터 나를 분리해내고 구해내는 일이 쉽지 않았다. 어쩌면 엄마에게는 잠시 나갔다 오라고 강권하며 나갈 사유를 쥐어주는 타인이 꼭 필요한 것인지도 모른다. 남편이 옳았다. 나에겐 바람을 쐬는 게 필요했다.

엄마를 더 엄마답게 만드는 시간

처음으로 아이들을 베이비시터에게 맡긴 날, 같은 생각을 했다. 그토록 기다린 휴식의 시간이었는데, 아기를 맡기고 혼자가 되면 하고 싶었던 걸 할 수 있을 줄만 알았는데, 시간이 주어져도 몸도 마음도 바로 홀가분해지지는 않았다. 주어진 시간을 편히 쓰지 못하고 안절부절못하며 어느 것에도 집중하기 힘들었다. 긴장이 풀리니 마치 그동안 밀린 정산을 해달라는 듯 빚쟁이처럼 몸이 아파오기도 했다.

아이들을 맡기고 글을 쓰려고 했는데 결국 방으로 가서 누웠다. 그러면서 느꼈다. 쉬는 것조차, 내가 나와 함께 시간을 보내는 것조차 연습이 필요하다……. 아이들 곁에만 있다가 막상 나를 마주하니, 무엇을 해야 할지, 어디를 가야 할지, 막막했다. 자유라는 빈공간이 오히려 어떤 압박으로 다가오기도 했다.

시간과 마음의 공백이 생기자, 배가 고픈 것도 아닌데 뭔가를 먹고 싶은 마음이 들었다. 음식으로라도 공백을 채우려는 욕구였을까? 한동안 스트레스를 받으면 아무거나 집어 먹고 커피를 들이키는(마시는 것이 아니다) 습관이 있었다. 자고 싶은데 잘 수 없을 때, 움직이고 싶지 않은데 움직여야 할 때, 참고 해낸 대가로 얻은 스트레스를 한꺼번에 삼키는 방식으로 해소하려던 것이다. 잠시 떨어져 보니 내 모습이 보였다.

어떤 자리를 내내 지키다 보면 방향을 잃고 뒤틀려가는 부분이 생기기 마련이다. 길을 잃지 않고 다시 나아기 위해서는 잠시라도 그 자리에서 벗어나 있어야 한다. 그래야 제대로 볼 수 있다. 그래야 묵은 숨을 내뱉고 새 숨을 들이킬 틈이 생긴다.

엄마가 어디 간다고 해서 그사이에 무슨 일이 일어나지 않는다. 엄마가 어딜 간다고 하면 아이들은 그 순간엔 싫어하겠지만 금세 상황에 적응한다. 그리고 모든 시간을 함께하며 어긋난 리듬과 나쁜 에너지를 주고받는 엄마보다, 여기저기 잡아끄는 아이에게 끌려다니는 엄마보다, 새로운 숨을 쉬며 아이들에게 다가가 "이제 뭐할까?"라고 제안하는 엄마를 아이들도 더 좋아한다. 나도 그럴 때 내가 더 좋다. 더 엄마 같고 더 엄마답다.

그러니 엄마가 엄마 같고 엄마다우려면 엄마의 시간에서 벗어나는 시간이 있어야 한다. 그럴 틈이 없다고 생각할 때일수록 더 그 틈을 만들어야 한다.

새로운 숨을 쉰다

산책을 하고 돌아오니 남편은 감기 기운에 소파에 누워 끙끙거리고 있고 아이들은 그 옆에 늘어앉아 티비를 보고 있다. 얼굴은 더러운데 표정은 흥미진진하다. 식탁은 아직도 엉망이고 거실은 여전히 더럽다. 밥은 되어 있지만 설거지거리는 쌓여 있다.

남편에게 따뜻한 차를 주고 방으로 들여보냈다. 그러곤 아이들을 한 명씩 들어올려 세수시키고 주변을 대충 치우며, 이제 아이들과 무얼 할지, 아이들에게 무얼 먹일지 바쁘게 생각한다.

육아 현실은 달라지지 않았지만 내면의 에너지 흐름은 달라졌다. 하루는 여전히 길고 충전한 에너지의 양은 언제나 넉넉하지 않지만, 적어도 새롭게 시작할 에너지는 완비

했다.

티비를 끄고 아이들을 부른다. 그러면서 메모장에 메모를 한다. 육아하는 엄마에게 필요한 숨과 쉼을 위해 필요한 것을 적는다.

.... 매일 똑같이 반복되는 관성으로부터 한 걸음 떨어졌다가 돌아오기.

'하던 대로'에서 벗어나 '하고 싶은 대로'로 전환하게 해줄 쉼표를 찍기.

창문을 열 듯 마음을 환기시키기.

새로운 숨을 쉬며 새로운 마음의 물꼬를 트기.

몸으로의 축소,
몸을 통한 확장

육아에는 양면성이 있다. 서로 반대되는 두 개의 문장이 모두 참인 것처럼 느낄 때가 있으니 말이다.

"아이를 안고 내 세계가 뭉텅이로 잘려 나갔다."
"아이를 안고 내 세계가 한꺼번에 늘어났다."

"육아 때문에 못 하는 것이 많다."
"육아 덕분에 하게 된 것이 많다."

아이를 낳고 나자, 갈 수 있는 공간과 갈 수 없는 공간, 할 수 있는 일과 할 수 없는 일, 만날 수 있는 사람과 만날 수 없는 사람이 갈렸다. 사실, 가려면 가고 하려면 하겠지만, 예전만큼 만끽하기가 어려워져 나 스스로 심리적 영토를 축소하게 된 면도 있다.

그런데 이 축소를 경험하면서 한편으로 얻은 것들이 몇 가지 있다. 정말로 좋아하는 일을 할 때 느끼는 감격과 절실함이 어떤 것인지 알게 되었다. 여러 번의 시도 끝에, 하기 싫은 일을 하고 싶은 일로 만드는 방법을 몇 가지 터득하게 되었다. 힘든 시간을 버텨낼 수 있는 잔머리와 요령이 생겼다. 정석과 상식에만 기대지 않을 뻔뻔함과 유연함을 얻었다. 거창하고 분명하고 오래가는 우아한 지식도 좋지만, 오늘 하루를 잘 살아내게 해주는 지혜 또한 소중하다는 걸 알게 되었다.

어쩌면 육아를 잘 해낸다는 것은, 당장은 축소되어 보이는 육아하는 삶 속에서 커다란 확장의 가능성을 발견하고 '때문에'를 '덕분에'로 바꾸어나가는 여정을 뚜벅뚜벅 걸어가는 것이 아닐까 생각하게 된다.

나는 그렇게, 때문에를 덕분에로 바꾸어나가는 여정의 한 가운데에 서 있다.

육아하는 양쪽 마음

세상에서 가장 맛있는 음식은 남이 차려주는 것이라는 말은 여전히 나에게 유효하다. 하지만 나는 내가 차린 밥상으로 하루를 시작하고 끝을 맺는다. 남이 차려주는 밥은 없지만, 우리 집에 있는 두 개의 엄마 작업실 가운데 하나인 부엌에서 엄마 요리사가 되어 밥을 짓고 반찬을 만들며 기쁨을 느낀다.

요리를 마치고 아이들 그릇에 음식을 담은 다음 "얘들아, 밥 먹어"라고 외치면 아이들이 우당탕탕 달려와 식탁에 앉는다. 각기 다른 몸짓과 표정으로 나란히 앉아 손으로 입으로 얼굴로 배를 채우는 모습을 보고 있으면 아이들의 몸과 마음이 한 움큼 더 자라난 것 같은 충만감을 느낀다. 그릇이 바닥을 드러내고, 강력한 떼쟁이이자 극한의 애교쟁이인 둘째가 "너무 맛있었어!" 하면서 엄지손가락을 치켜 들 때, 나의 세계는 확장된다.

물론 동전의 양면처럼 이 확장 가능성은 축소 가능성과 함께 존재한다. 밥투정하는 아이들을 달래거나 혼내야 할 때, 시간과 정성을 들여 만든 음식을 짓이겨놓아 밥상의 초토화 현장을 마주할 때, 위험천만한 부엌에 들어와서 나에게 엉겨 붙는 아이들에게 잔소리를 해야 할 때, 나의 세계는 축소의 감각에 진동한다.

그래서 나는 밥 때가 다가오는 것이, 아이들이 자주 배고파하는 것이 두렵고 지겨운 한편, 기다려지고 설렌다. 아이가 곤히 잠들기를 기다려왔으면서도 막상 잠이 든 아이를 내려다보고 있으면 깨워서 사랑스러운 눈빛을 보고 싶은 것처럼, 이상한 양쪽 마음이다. 육아는 이 두 마음을 모두 끌어다놓으며 엄마의 세계를 확장시키는 동시에 축소시킨다.

육아의 시간 동안 나는 축소되어 보이는 것이라도 언제든 뒤집어질 수 있고, 확장되어 보이는 것이라도 (그것을 음미하기도 전에) 언제든 뒤집어질 수 있음을 안다. 그래서 내내 긴장을 놓지 않은 채, 양쪽 마음을 동시에 붙잡는다.

여성의 몸과, 몸으로의 축소

첫아이를 임신했을 때 아이의 기쁜 탄생을 고대하는 한편 어떤 두려움에 사로잡혔다. 임신과 출산, 육아의 과정이 '몸으로의 축소' 과정임을 감지했기 때문이다. 여성으로 이 사회에서 나고 자라며, 왜곡되고 과잉된 시선이 여성의 삶을 몸으로 축소시키는 광경을 수도 없이 지켜봐왔다. 몸으로 표현되고 몸으로 평가받고 몸으로 수용되거나 거절되는 광경이다. 이러한 사회적 시선들을 내면화하지 않기 위해 싸워왔던 나는, 이제 아이를 갖게 되어 더더욱 몸으로 축소되는 경험으로부터 자유로워질 수 없을까 봐, 그 경험에 결박될까 봐 두려웠다.

임신 기간 내내 임신, 출산 관련한 책과 연구 논문을 정말 많이 들여다보았다. 단지 아이의 때를 기다려줌으로써 엄마의 때를 배려해주는 출산을 하고 싶어서만은 아니었다. 그것은 확실히 두려움 때문이었다. 몸으로의 축소를 경험하지 않기 위해, 그것에 갇히지 않기 위해. 그렇게 세 번의 출산을 했고 지난 10년간 몸으로 아이를 품고 몸으로 아이를 낳고 몸으로 아이를 먹이고 재우고 입히는 육아의 시간을 지났다.

그동안 축소의 가능성은 항상 존재했다. 나의 두려움은 육아 현실을 반영하고 있었고 여성의 몸에 대한 사회적 인식에 기초하고 있었다. 사회는 여전히 여성들의 몸에 집착에 가까운 관심을 보이고 함부로 평가하고 함부로 절하하고 때때로 무조건 찬양하고 대놓고 욕망한다. 몸에 대한 압력이 공기처럼 산재하는 사회에서 나고 자란 여성들은 몸으로 축소되기 쉬운 존재가 된다.

여성은 여성의 몸을 가졌다는 이유로 실제적이든 심리적이든 취약해진다. 여성이 하는 많은 일들이 몸으로 평가받기에 몸과 관련 없는 일을 하면서도 몸을 향한 시선을 의식하게 된다. 여성의 몸은 여러 사회·심리·문화적 담론의 전쟁터가 되고, 그 모든 이야기로부터 쉽게 비껴가기 어렵다. 문화는 심리적 공기와 같아서 우리 마음에 스며들고 침투한다.

우리는 왜 그토록 출산 후 복귀하는 엄마 연예인의 몸매에 과도한 관심을 보이는가. 완전 모유수유라는 어려운 이상理想이 이제 막 아이를 낳은 엄마들에게 당연한 듯 주어지는 것도 불편하다. 이런 사회적 압력 속에서는 엄마 되기 또한 평탄하게 이루어지지 않는다. 출산과 육아를 감당해나가는 과정에서 여성들은 여전히 자신의 몸과 전쟁을 벌이는 동시에, 다른 방식의 몸으로의 축소 가능성을 지나가게 된다.

임신, 출산, 육아는 확실히 몸으로 축소되는 일이다. 하지만 이 축소는 많은 경우 오염된 사회적 인식과 여성에게 지우는 여러 짐 때문에 나타날 뿐, 우리에게 축소의 가능성만이 열려 있는 것은 아니다.

육아의 본질은 축소가 아닌 확장

지금은 작지만 언젠가 나보다 더 커나갈 아이들. 여전히 내 몸에 매달리지만 결국에는 자신의 몸에 매달릴 아이들. 마침내 누군가를 감당해낼 만큼 몸의 분리와 독립을 이룩해낼 아이들. 이러한 성장의 씨앗이 다른 누구도 아닌 '내 몸'에서 비롯되었음을 생각하면 나는 확장된다. 내 몸은 존중되고 연결되고 펼쳐진다. 존중과 연결과 펼침이 무한대로 확장되어 모두의 몸과 마음에도 가 닿을 수 있겠다는 상상까지 하게 된다.

축소에는 한계가 있지만 확장에서는 한계가 없다. 이렇게 엄마는 몸을 통해 과거의 바통을 물려받고 미래의 바통을 건네준다. 엄마는 몸으로 축소되는 존재가 아니라 몸을 통해 확장되는 존재, 몸으로 세상을 품는 존재다. 결국 한 존재를 사랑하는 일이 온 세계를 사랑하는 일로 전환된다. 육아의 본질은 축소가 아닌 확장에 있다.

나는 여전히 첫아이가 뱃속에서 세상을 향해 발길질을 했을 때 느낀 아찔한 전율을 기억한다. 그 전율을 통해 세상에서 가장 중요한 통찰을 얻는다. 성인成人의 삶을 사는 사람도, 가장 극악무도한 범죄자도 시작은 이 발길질에서부터였음을. 나를 가장 힘들게 하는 사람도, 나에게 가장 친절한 사람도 모두 같은 지점에서 시작되었음을. 우리는 모두 수많은 인연과 필연의 가능성을 뚫고 생명의 숨을 얻어 이 세상에서 만나 서로 마주할 수 있게 되었음을. 모든 시작이 엄마의 뱃속에서 이루어졌고, 엄마와의 연결이 곧 세상과의 연결이었음을.

이 통찰을 통해 나는 가장 큰 확장의 가능성을 느꼈다. 아기와의 연결을 통해 온 세상과의 연결망을, 그 무한한 확장의 가능성을 알게 되었다. 육아에서 비롯된 축소와 확장이라는 양극단의 가능성 앞에서, 축소의 가능성에 움츠러들지 않고 확장을 선택해나갈 수 있도록 눈을 크게 뜨고 마음을 넓게 잡는다. 더 절실한 질문과 기도를 마음에 품고 세상과 연결된다. 나는 지금 아기를 뱃속에 품고 있을 때보다 더 중요한 시기를 지나고 있기 때문이다.

막막한
어둠을 지나면

하루는 공원에서 데인과 안젤라를 만났다. 데인은 첫째의 같은 반 친구이고, 안젤라는 데인의 엄마다. 한참 동안 같이 놀다가 안젤라 모자와 헤어지고 집으로 가려고 돌아섰는데 문제가 생겼다.

아이들의 컨디션은 들쑥날쑥해서, 방금까지 잘 놀다가도 갑자기 피곤해한다. 배고픔도 급격히 찾아오고 잘 참지 못한다. 또 항상 결정적인 순간에 나에게는 없는 것을, 꼭 그것만을 달라고 필사적으로 요구한다.

둘째는 젤리를 달라며 졸랐고 셋째는 우유를 달라며 울기 시작했다. 게다가 자전거를 타고 왔던 첫째는, 이제는 다리가 아파 자전거를 못 타겠다고 했다. 쌍둥이 유모차를 끌고 있는 엄마더러 자전거까지 끌고 가라는 거다. 떼를 쓰던 첫째가 자전거와 함께 넘어졌다. 무릎이 살짝 까져 피가 나는 걸 보더니 역시 울음이 터졌다. 세 아이들이 동시에 우는 시간. 나 역시 울고 싶어진다.

'집까지 20분이 걸리는데……. 어떻게든 아이들을 설득해서 집까지 가야 하는데……. 참, 돌아가는 길에 우유도 사 가야 하고……. 집에 가서 밥도 새로 해야 하는데……. 이를 어쩌나.'

어떻게 이 터널을 지나갈 수 있을까

안젤라와 데인이 멀리서 그 모습을 보았는지 다시 우리에게 돌아왔다. 첫째는 친구를 보고 기분이 조금 나아졌고 작은 아이들은 안젤라가 쥐어준 과일 조각에 마음이 풀어진 것 같았다.

안젤라가 첫째의 자전거를 대신 끌어주며 공원을 나서는 길까지 동행해주었다. 그러면서 내게 물었다. 어린 아이가 셋이면 이런 상황이 자주 생길 텐데 대체 혼자서 어떻게 해결하느냐고.

안젤라는 단순한 궁금증 때문에 질문한 게 아니었다. 나중에 알게 되었지만 그 당시 안젤라는 예정에 없던 둘째가 찾아와 기쁜 한편 걱정스럽기도 했다. 데인을 낳은 뒤 둘째를 낳을지 말지 고민하다가 6년의 시간을 보냈고, 이제는 가지지 말자고 생각했던 시점에 둘째가 찾아온 것이다.

워킹맘인 안젤라는 아침 일찍 데인을 맡기고 가장 늦게 데리고 오며 이미 충분한 고충을 느끼고 있었다. 그런 그녀에게 아이들에게 둘러싸여 쩔쩔매고 있는 내 모습은 앞으로 내릴 결정의 단초가 되었을지도 모른다.

아직 흥분이 가라앉지 않았던 나는 처음에는 횡설수설하듯 말했다.

"이럴 땐 정말 힘들어. 좌절되고. 어떻게 해야 할지 몰라서 화를 내기도 해."

하지만 말을 계속 덧붙이면서 내 안에만 머물던 진짜 마음을 발견하게 되었다. 나는 말을 할수록 더욱 확신에 찼다. 좌절되고 막막한 순간을 지나온 힘이 무엇인지, 앞으로 그런 순간이 오면 어떻게 지나갈 수 있을지 말이다.

"그래도 계속 좌절하고 화만 내고 있을 수는 없잖아. 그냥 뭔가 잘 안 되고 답답하고 힘들어지면, 숨을 아주 깊게 내쉬어. 버티는 거지. 해야 할 일, 가야 할 길을 재촉하기보다는, 잠시 멈춰서 슬로모션으로 간다고 생각하고 속도를 줄여가.

나에게도, 아이들에게도 시간을 더 주려고 노력하면서.

그렇게 하다 보면 힘들고 답답했던 마음이 조금씩 걷히고 다시 해볼 만하게 돼. 에너지가 갑자기 마구 솟아날 수는 없지만 딱 그 시간을 버틸 만큼은 생기는 것 같아.

그리고 오늘은 네가 날 도와줬잖아. 힘들 때면 그 마음을 알아주는 누군가가 분명 나를 도와주리라는 걸, 나는 아이들을 키우면서 경험으로 알고 있어. 머리로 아는 것과 해봐서 아는 건 분명 달라. 이건, 아기 키우는 엄마뿐 아니라 힘든 상황에 처한 모든 사람에게도 마찬가지일 거야."

어둠이 내어준 실루엣

그렇게 어찌어찌해서 집에 왔고, 또 어찌어찌해서 아이들 밥까지 모두 챙겼다. 얼마 동안 같이 놀다가 시간이 되어 아이들을 재우기 위해 2층에 올라왔다. 남편은 새벽에 나갔다가 아이들이 모두 잠든 열 시가 넘어서야 집에 돌아온다.

영국의 가을, 겨울은 오후 네 시만 되어도 사방에 어둠이 깔린다. 사방이 어두워지면 안전에 대한 불안감이 엄습해와 내 마음을 짓눌렀다. 게다가 누군가가 정원에 침입해서 창고 문을 열어둔 적도 있었다. 마음만 먹으면 침입할 수 있는 곳에 무방비 상태로 노출되어 있는 것 같아 더욱 불안했다. 혹시 모를 비상상황에 어떻게 아이들을 모두 안전하게 대피시킬 수 있을까 마음속으로 여러 번 시연하다가 잠들기도 했다.

입이 딸깍거리고 한기가 느껴지던 그 어둠의 시간에는 방문을 열고 나가는 것조차 두려웠다. 그날도 그랬다. 둘째가 물을 마시고 싶다고 하여 두려움을 움켜쥐고 방문을 열고 나갔다. 차가운 공기를 느끼며 방에 돌아와 둘째의 두 손에 물을 한 컵 쥐어주었다. 그러곤 어둠을 응시하는데, 그 속에서 신기한 경험을 했다.

어느 순간 칠흑 같던 어둠이 희뿌연 어둠, 여전히 어둡지만 실루엣은 감지할 수 있는 어둠으로 전환되었다. '어둠도 계속 응시하다 보면 결국 실루엣을 내어준다'는 기적 아닌 기적을 그때 제대로 실감했다. 딱히 신기할 것 없는 항상 있는 일이지만 그때의 경험이 나에게는 분명한 기적같이 느껴졌다. 그리고 그 일을 오래 기억하기로 했다.

터널을 지나면 진짜가 펼쳐진다

어둡고 무겁고 우울한 날들이 계속될 때 우리의 시야는

터널 속에 갇힌다. 삶의 큰 그림을 보지 못하고 어두운 그림자만을 응시하게 된다. 그래서 우울감에 점령당한 마음들을 만날 때면 터널을 빗댄 이야기를 자주 사용하곤 했다.

"압도적인 어둠과 저 끝에 겨우 보일까 말까 한 빛의 비율은 어쩌면 착시일지도 모릅니다. 지금은 단지 우울이라는 렌즈로 투영해서 세상을 바라보고 있기에 어둠이 압도적으로 보이는 것일 뿐이에요. 조금만 더 가면 사방은 더 밝아질 것이고 빛의 세례를 받게 될지도 몰라요. 지금까지 느꼈던 어둠이 허망할 정도로 가벼워지는 시간이 분명 찾아올 거예요. 그러니까 조금만 더 가보기로 해요. 너무 힘들 때는 아무것도 하지 않고 걸을 수 있는 만큼만 걸으면 돼요. 지금은 단지 삶의 어두운 터널을 지나고 있을 뿐, 이 터널만 지나면 '진짜'가 펼쳐질 겁니다."

아이를 키우면서 세상의 어둠이 한없이 무섭게 느껴질 때가 많았다. 어둠에 압도되어 무력하고 우울한 기운이 오래 깃들기도 하고, 그 마음에 무방비로 사로잡히기도 쉬웠다. 하지만 손으로 더듬어보기조차 무서운 어둠이 줄곧 내 앞에 펼쳐져 있다고 해도, 가만히 응시하고 있으면 그 속에서 사물의 실루엣이 서서히 드러난다.

터널이라고 해서 암담한 어둠만 펼쳐지는 것도 아니고 어둡다고 어둡기만 한 것만은 아니다. 어두운 터널 속에도 빛의 가능성은 충만하다. 그 모든 가능성의 한복판에서 어둠에 집중할 것인지 빛에 집중할 것인지는 우리의 선택에 달려 있다. 그리고 우리는 매순간 더 나은 선택을 해나간다.

그러니 우리 자신을 믿어야 한다. 칠흑 같은 어둠 속에서도 우리의 눈이 희미한 실루엣을 바로 감지해내듯, 우리 마음 역시 어떤 막막한 상황 속에서도 붙들고 갈 무언가를 찾아낸다는 것을. 그렇게 어둠을 지나면 어김없이 새로운 아침이 찾아오고, 그러면 어둠을 몰고 온 불안과 걱정이 흩어진 자리에 새로운 마음이 모인다는 것을.

그런 생각을 하며 아이들 사이에 내 몸을 밀어넣고 아이들의 보송보송한 따스함을 느끼며 잠을 청했다. 다시 한 번 나를 믿고 세상을 믿기로 했다. 칠흑 같은 어둠이 뿌연 어둠이 될 때까지, 뿌연 어둠이 희미한 밝음으로 전환될 때까지 마음을 모으고 심호흡을 하며.

엄마의 사진첩에는 엄마가 없다

친구와 이런 얘기를 나눈 적이 있다.

"결혼해서 아이를 낳으면 왜 다들 프로필이나 피드를 아이 사진으로 도배하는 걸까? 예쁘고 깜찍하고 귀엽긴 하지만, 왜 하나같이 다 그러는 거야?"

우리는 나중에 아이를 낳더라도 그러지 말자고 약속했다. '엄마가 되더라도 나를 잃지 말자!' '엄마가 되더라도 아이로 나를 대변하지 말자!' 이건 나 자신의 다짐이자 함께하는 결의였다.

그 결의는 쉽게 잊혔다. 나는 아이들의 아름다움을 포착해내기 위해 쉴 새 없이 카메라 버튼을 눌렀고, 마음에 드는 사진은 프로필에 띄웠다. 가족과 친구들에게 아이들 사진을 수시로 전송하기도 했다.

가장 열렬한 호응을 보인 분들은 역시 어머니들이었다. 특히 우리 엄마는 내가 보내는 모든 사진을 친구분들께 그대로 전달하시는 것 같았는데, 어느 날은 친구분들께 들었는지 이런 농담을 하셨다.

"애기 자랑할 때는 500원 내고 해야 한다네."

하루는 사투 끝에 아이들을 재우고 하루 종일 바삐 움직인 몸을 소파에 파묻으며 그날 찍은 아이들 사진을 보았다. 그중에서 가장 예쁜 사진을 심혈을 기울여 선택해서 보정을 하고 효과를 넣은 뒤 프로필 사진에 올렸다. 그러다 문득 이런 생각이 들었다.

'내가 언제부터 이러고 있었지?'

언제나 피로하고 잠이 부족한 육아의 시간을 지나면서, 왜 나는 아이들 사진을 들여다보는 일에 이토록 열중하고 있는 것인가.

순간을 포착하는 사진사처럼

아이들 사진을 참 많이도 찍었다(정확히 말하면 찍어댔다).

초단위로 찍고는 비슷해 보이는 여러 컷 중에서 어떤 게 가장 나은지 고르느라 고심하기도 했다. 사진을 지우는 일은 휴대폰 용량이 부족할 때나 이루어졌다.

일상의 모든 결정적인 순간을 포착해내는 전담 사진사의 자세로 아이들을 찍었다. 그 순간은 때로 사진작가 앙리 카르티에 브레송Henri Cartier Bresson의 결정적 순간에 맞먹을 만큼 중요했다. 나만 그런 것이 아니라 모든 엄마들이 그럴 것이다.

사진을 찍는 시간은, 정신없이 흘러가는 육아의 시간 가운데 흘리지 않고 간직하는 시간, 놓치지 않고 포착하는 시간이었다. 그리고 사진을 들여다보는 시간은, 쉼 없는 육아의 시간 가운데 쉼을 제공하는 시간이었다.

사진 찍기의 뒤편에는 공유라는 목적이 숨어 있기도 했다. 외로운 육아의 시간을 달려갈 때 엄마에겐 지켜봐주는 눈이 필요하다. 홀로 감당하고 있는 육아의 시간과 경험을 누군가와 나누길 원하는 것이다. 쉽게 공유할 수 있는 사진은 이런 욕구를 충분히 채워주는 좋은 매개체였다.

모든 것이 산란되는 육아의 시간 속에서 적어도 사진은 남았다. 찍고 보정하고 공유하는 기술의 발달은 육아하는 엄마들에게 큰 위로가 되었다.

엄마를 빼면 남는 것

우리의 사진에는 육아하는 일상의 남루함, 일상의 반복, 일상의 지리멸렬함, 일상의 정신없음은 잘 보이지 않는다. 강조하고 싶고 드러내고 싶은 모습을 주로 포착해서 찍으니까 말이다. 사진 속 육아하는 일상은 오히려 일상적이지 않은 게 많다. 못다 치운 기저귀와 옷가지, 늘어져 있는 장난감은 한쪽에 밀어놓거나 프레임에 들어오지 않게 카메라 각도를 맞춘다. 이렇게 사진은 현실을 드러내는 동시에 은폐한다. 그것은 어쩌면 선택적 은폐이다.

프레임 안 그나마 정돈되고 보정된 육아의 이미지를 들여다보면, 프레임 밖 정신없고 어수선하고 뜻대로 되지 않는 일상의 산란을 지나갈 만한 힘을 얻게 된다. 그런 사진들은 사진으로 찍히지 않은(별로 찍고 싶지 않은) 시간들을 견디게 했다.

예쁜 모습만 찍는 엄마의 사진은 어쩌면 세상에서 가장 좋은 의도를 가진 노출이자 은폐의 행위가 아닐까 싶기도 하다. 그래서 엄마의 사진에는 육아에 대한 거의 모든 것이 담겨 있다. 여기에는 소외도 있고 위안도 있고 은폐도 있고 노출도 있고 호기심도 있고 관심도 있고 질투도 있고 연결도 있다. 그리고 이 모든 육아하는 엄마의 감정적 뿌리는 결국 한 가지 키워드에 묶이게 된다. 바로 '정체성'이다.

윗세대 엄마들, 즉 우리 엄마 또래의 프로필 사진을 보면, 누가 누구의 엄마인지는 알아보기 힘들어도 그들이 누구를 키웠는지는 대번에 알 수 있다. 그들의 심리적, 실제적 삶은 온통 자식들의 영광으로 도배되어 있다. 치열한 육아의 현장을 지나온 지 꽤 오랜 시간이 흘렀음에도 그들의 프로필 사진은 여전히 '엄마로서의 정체성'을 드러내는 정물로 가득하다. 그들은 누가 뭐래도 여전히 엄마였다. '엄마'라는 이름과 표식을 빼면 남아 있는 것은 거의 없었다.

자녀를 중심으로 돌던 엄마들의 시간 속에서 '나는 누구인가'라는 질문은 서서히 '누구의 엄마'라는 답으로 채워졌다. 정확히 말하자면, 그렇게 답하게 되면서 '나 자신'은 비워져갔다.

어쩌면 엄마로만 살지 말자고 한 나와 친구의 결의는, 이렇게 되고 싶지 않다는 무의식적인 경계에서 비롯된 것일지도 모른다. 그때까지 이 결의의 중대함을 깨닫지 못했었는데, 엄마 세대의 프로필 사진을 보면서 깨달았다. 이것은 결국 정체성의 문제, '나는 누구인가'의 질문으로 치닫는 문제이다.

관계 속에서 온전한 나로 존재하기

엄마가 되고 우리는 기존에 가지고 있던 정체성을 '기꺼이' 잃기를 '선택'한다. 하지만 한편으로 나 정체성은 기꺼운 선택을 넘어 썰물처럼 속절없이 밀려나고 조금씩 희미해지고 사라져간다.

새 생명을 키워내는 벅찬 감동과 희열 속에서 점점 희미해져가는 '나 정체성'의 의미를 처음부터 인식해내기는 어렵다. 혹은 언뜻 느끼면서도 애써 인식하지 않으려 한다. 매 순간 아름답게 피어나는 꼬물이들에게 시선을 빼앗긴 데다, 그들을 돌보느라 피곤해진 민낯을 굳이 들여다보고 싶지 않기 때문이다. 그래서 카메라 앞에 서는 대신 카메라를 잡고 선다. 나를 세우지 않고 내 앞에 아이를 세운다. 그렇게 밀려나고 밀려나 조금씩 나를 내려놓는다.

전통적으로 여성들은 다른 사람과의 관계를 통해 규정되는 경우가 많았고, 관계 안에서만 존재하는 경우가 많았다. 그래서 평생 누군가의 딸로, 누군가의 아내로, 누군가의 엄마로 살며 협소한 관계망 속에 있었다. 그 속에서 관계의 중심에 있거나 주체가 되기보다 다른 사람의 보조적인 자아로 머무를 수밖에 없었다. 그런 관계 틀에서는 충만함보다 공허가 내면에 깃들기 쉬웠다. 여성이 담당하고 채우도록 부여받은 역할이 '관계'에 대한 역할이었음에도 그 관계 속에서 충만함을 느낄 수 없었던 것이다.

지금의 여성은 그런 엄마 세대와 할머니 세대의 한계에서 많이 걸어 나온 삶을 살고 있다. '누군가의 무엇'이 아닌, '나'로서 관계를 선택할 자유가 주어졌다. 하지만 결혼, 출산, 육아의 시간을 지나며, 다시 '누군가의 엄마'로 고정되기 시작했다. 충만한 동시에 허망한 명명에 갇히기 쉬웠다.

이런 마음의 충만함과 허망함의 롤러코스터는 다양한 관계 속에서 나를 발견하고, 내가 나로 온전할 수 있음을 느껴야만 다시 제 마음을 찾게 된다. 그래서 육아가 힘겹고 무겁고 외롭게 느껴질 때, 엄마에게는 나로서 존재할 수 있는 자유, 온전한 나로서 관계를 선택할 수 있는 자유가 주어져야 한다. 단 하나의 관계가 아닌 다양한 관계, 중심과 보조를 넘나드는 다양한 관계의 변주들 속에 우리 자신을 세울 수 있을 때에야 관계를 허망이 아닌 충만의 관점에서 받아들일 수 있기 때문이다.

새롭게 채워가는 엄마의 앨범

이런 생각을 하며 앨범에 있는 사진들을 대대적으로 정

리했다. 그리고 첫째에게 휴대전화를 건네주며 말했다.

"아들, 엄마 사진 좀 찍어봐라."

신문물을 손에 넣은 아이는 신나하며 열심히 찍어댔다. 나는 찍는 자가 아닌 찍히는 자로 아이 앞에 섰다. 아이가 찍은 사진 속 내가 낯설었다. 대부분 초점이 잘 맞지 않았고 밑에서 올려다본 각도의 사진들이 많았다.

아이는 내가 절대 찍을 수 없고 찍지 않을 각도에서 열심히 사진을 찍었다. 아이의 사진에는 어수선한 육아 현장, 차마 찍어서 공유할 수 없는 육아의 민낯이 여실히 드러났다. 아이들을 찍은 엄마의 사진에 엄마의 시선이 담겨 있듯, 엄마를 찍은 아이의 사진에 아이의 시선이 담겨 있었다. 적어도 아이가 부모를 찍은 사진은 부모가 아이를 찍은 사진보다 훨씬 흥미진진했다.

아이가 찍은 내 사진을 오래 들여다보았다. 편집도 보정도 하지 않은 민낯의 사진에도 아름다움은 고스란히 담겨 있었다. 나는 여전히 삶의 아름다운 정점에 선 자로, 자라나는 아이 앞 엄마 피사체로 서 있었다.

웃으면서 하나의 결의를 추가했다.

.... 이제부터는 아이들의 성장 앨범을 채워가며 나의 앨범 속 공백도 채우기로.

아이들의 결정적 순간을 찍으면서도 '나'의 결정적 순간도 놓치지 않기로.
육아하는 일상의 산란 속에서도 가장 중요한 나만의 성장기를 매일 새롭게 찍어가기로.

3장

엄마 소진 증후군

엄마의
상처 과민감성

모처럼 친구들과 모여 밀린 수다를 떨던 날이었다. 이런 저런 이야기를 하다가 네 살배기 아이를 키우고 있던 한 친구가 육아 고민을 털어놓기 시작했다. 친구는 아이가 단것과 인형에 대한 집착이 심해서 걱정이었다고 했다. 늘 시간에 쫓기는 워킹맘이라 그 문제에 대해 속으로 걱정만 했을 뿐 어떻게 해야 할지 제대로 생각해보지 못했다고도 했다.

그러다 오랜만에 휴가로 쉬는 날, 여느 날과 마찬가지로 단것과 인형에 집착하는 아이의 모습에 가슴이 답답해져서는 충동적으로 큰 봉지를 가져왔다. 집에 쌓여 있던 단것과 인형을 봉지에 모두 담아서 버리기로 한 것이다. 아이는 처음에는 저항했지만 결국 잠잠해졌고 나중에는 버리는 걸 돕기까지 했다고 한다. 그렇게 과자상자는 깔끔해졌고, 넘쳐나던 인형함도 단정해졌다. 그런데 친구의 마음에 스멀스멀 다른 의혹이 피어나기 시작했다.

'과연 내가 잘한 걸까?'

이 얘기를 들은 친구들은 저마다 의견을 보탰다. 이런저런 심리학, 육아 서적에서 밑줄을 그으며 알게 된 아이의 집착에 관한 이론과 모범 답안들, 자신이 아이를 키우면서 느끼고 경험했던 일 등등이 흘러 나왔다.

친구들의 얘기를 들을수록 고민의 주인공은 확실히 자기가 잘못했다는 쪽으로 마음이 기울었다. 그리고 결정적으로 아동심리를 공부하고 있던 한 친구의 의견이 보태지며 모두의 의견이 하나로 모였다.

"엄마가 잘못했다."

아이가 상처 입은 건 아닐까

지금부터는 나중에 들은 이야기이다. 그날의 수다를 통해 친구는 세 가지를 마음에 담았다.

하나, 아이의 집착을 애착으로 봐야 한다.

둘, 언제 어떤 상황에서든 아이의 마음을 읽어주어야 한다.

셋, 엄마라면 아이의 상처에 대해 민감하게 반응해야 한다.

친구는 그날의 수다를 배움과 성찰의 기회로 삼았다. 집에 돌아가면서 아이가 받았을 상처를 회복시킬 방법을 떠올렸고, 아이의 집착을 애착으로 봐줄 마음의 태도를 가져보리라 다짐했다. 충분한 반성과 성찰을 마음에 새긴 뒤, 친구는 아이를 안고 말했다.

"엄마가 있잖아. 전에 지원이가 좋아하는 사탕이랑 초콜릿이랑 유니콘이랑 버린 거 정말 정말 잘못한 것 같아."

엄마 품에 안겨 있던 지원이는 엄마의 말이 다 끝나기도 전에 이렇게 외쳤다고 한다. 무구하고 천진한 웃음과 함께.

"엄마! 나 버리는 거 정말 재밌었어! 더 버리고 싶어요!"

친구는 육아가 이토록 반전에 반전을 거듭하는 일인지 몰랐다며 아이의 천진난만한 답을 모두에게 전했다. 그 자리에 모였던 엄마들은 모두 아이의 단순한 마음을 복잡하게 해석해낸 자신의 발언을 돌이켜봤다. 물론 거기에는 애정이 스며들어 있었고 의지가 담겨 있었고 나름의 의미가 있었다. 모두 잘하고 싶기 때문에, 아이를 잘 키워내고 싶기에 일어나는 일이다.

걱정이 과한 육아

너무 소중한 존재라, 잘 키워야 한다는 부담 때문에, 상처 주고 싶지 않아서, 또는 상처를 하루 빨리 회복시켜주고 싶어서, 우리는 아이의 상처를 굉장히 민감하게 받아들인다. 그냥 상처 민감성이 아니라 상처 '과'민감성을 품고 아이를 바라보는 것이다. 이 상처 민감성은 부족해도 문제지만 흘러넘쳐도 문제다.

세상에서 가장 아끼고 사랑하는, 여리고 어리고 아름다운 아이들의 상처를 걱정하고 배려하고 염려해야 하는 것은 당연하다. 우리는 최선을 다해 우리 아이들을 보호해야 한다. 하지만 상처의 가능성에 과하게 집중하다 보면 많은 것을 놓치기도 쉽다.

부모가 아이를 내려다보며 너무 계산하고 너무 염려하다 보면, 아이들은 상처의 가능성을 비껴가는 더 큰 가능성, 상처를 뚫고 나아가며 성장할 가능성을 놓치게 된다. 부모는 상처 주지 않기 위해 너무 애쓰느라 잠시도 마음을 놓지 못하는 육아를 하게 되기도 한다. '보호'라는 이름 아래 '통제'를 하게 되고 '너를 위해서'라는 미명 아래 나의 걱정과 불안에 더 크게 휘둘리기도 한다. '쉴 새 없는 잔소리micro-managing'와 '걱정이 과한 육아over-parenting'는 바로 여기에서 비롯된다.

이런 모습은 나에게도, 아이를 키우는 여느 엄마들에게도 자주 보인다. 한 선배는 이 이야기를 듣고 나에게 자기 엄마의 일화를 들려주었다.

"우리 엄마는 내가 뜨거운 것을 만지고 싶어 하면 소독약을 옆에 두고 얘기하셨어. 이거 만지면 소독약이 필요할 정도로 다칠 수도 있지만, 정 만지고 싶으면 만지라고."

소독약을 옆에 두고 차분하게 지켜보는 모성이라니. 선배의 엄마는 보통 강심장이 아니셨던 것 같다. 하지만 그런 태도야말로 걱정과 불안 요소가 많은 육아의 길에 가장 필요하고도 어려운 태도가 아닐까 싶기도 하다. 우리가 걱정이 과한 육아를 하는 이유는, 걱정과 불안을 그대로 안고 아이를 위해 무언가를 하는 것이, 걱정과 불안을 내려놓고 무언가를 하지 않는 것보다 더 쉽기 때문이다.

아이는 엄마의 걱정보다 큰 존재

영국이라는 새로운 환경에 나를 놓아보고 아이들을 풀어놓으며, 걱정과 불안이 나를 완전히 소진시키고 마모시키는 것 같은 느낌을 받은 적이 있다. 아이들을 재우고 멍하니 그날의 걱정을 되짚어보고 있다가 늦게 퇴근한 남편을 붙들고 그 보따리를 풀어놓았다.

그날 나의 걱정은 길고 길었다. 육아 고민을 풀어놓다 보면, 고민이 더 깊어지기도 했다. 고민을 늘어놓다가 지쳐서 멈칫거리는 사이 남편이 물었다.

"우리가 이렇게 많은 일들을 걱정하는 이유가 뭘까요?"

나는 내 고민의 압력에 눌려 성급하고도 성마르게 대답했다.

"당연히 사랑하니까, 아이들이 잘됐으면 하니까 그렇죠. 상처 받을까 봐, 잘못될까 봐요."

남편은 말이 빨라지는 나와는 달리 천천히 차근차근 말했다.

"그럼, 우리, 걱정하지 말고 그냥 사랑해줍시다. 지금 잘하고 있어요. 그거면 된 거예요."

본질적인 답이었다. 구체적인 걱정에 대한 본질적인 답은 그 순간에 어떤 갑갑증을 주기도 한다. 하지만 이리저리 휘저어진 온갖 마음의 흙탕물도 시간이 지나면 차분해지듯이, 본질로 향하는 이야기는 결국 마음을 차분히 가라앉힌다. 모든 중요해 보이는, 아우성치는 삶의 자극들 속에서 진짜 중요한 것이 무엇인지를 바르게 응시하는 일은, 우리를 끝까지 붙잡아준다.

나도 결국 남편이 이야기하는 마음의 지점으로 돌아가게

되었다. 돌아갈 수밖에 없었고 돌아가야 했다. 사랑하기에 하는 고민이라면 걱정이 아닌 사랑을 하는 것이 맞다.

걱정이 아닌 사랑을 하기로 한다

상처 때문에 아픈 사람들의 마음을 헤아리기 위해 상담자가 되었던 나는, 이제 상처 민감성이 아닌 성장 가능성에 기대어 글을 쓰고 상담을 하고 아이들을 키운다.

온갖 사소한 걱정에 나 자신까지 사소해지는 것 같을 때, 얕고 엷고 휘청거리고 휘어지는 마음이 나를 뒤흔들 때, 아이들의 도전과 모험, 돌진과 진입을 보며 무릎에 힘이 들어가지 않을 때, 아이들을 잡고 있던 손에 절로 힘이 들어갈 때. 이럴 때 더 꼭 움켜쥐는 걱정을 하는 대신 놓아주는 사랑을 실천하리라 마음먹는다. 내 안의 움찔거리는 감각을 잠재우는 연습을 매일같이, 한결같이 하기로 한다.

'과연 하나의 심장으로 아이를 키우는 것이 가능한 일인지'를 기도하던 마음에 어떤 고요가 깃든다. 그 고요 속에서 내가 아이를 키우는 것이 아니라 아이가 나를 키우는 것임을 실감하게 된다. 걱정이 아닌 사랑을 하기로 한다.

엄마 마음에 깃든 우울

만약 아이를 키우며 한 번도 우울했던 적이 없다고 말하는 엄마가 있다면 둘 중 하나일 것이다. 아직 자신의 감정을 있는 그대로 마주할 내면의 힘이 없거나, 육아에 대해 전면적인 도움과 지지를 받고 있는 몇 안 되는 사람이거나. 아이를 키우는 건 우울감이 동반자처럼 따라붙을 수밖에 없는 일이기 때문이다. 그런데 우리는 엄마의 우울을 이해하지 못하거나 이해하려 하지 않거나 말로는 이해한다면서도 서둘러 고개를 돌리는 사람들을 생각보다 자주, 가까운 곳에서 마주하게 된다.

출산한 지 얼마 되지 않은 후배의 이야기다. 아기를 낳은 뒤 몸과 마음에 기운도 없고 알 수 없는 우울감에 밥도 잘 넘기지 못하던 때였는데, 하루는 후배의 상한 얼굴을 본 시어머니가 한소리를 했다.

"다른 사람들은 아기 키우면 충만하고 행복하다는데, 너는 왜 그러니?"

후배는 반박하지 못했다. 평소 같으면 똑소리나게 어떤 이야기라도 했겠지만 왠지 그 말 앞에서는 뭔가를 삼키게 되고 변명하게 되더란다.

아무리 큰 기쁨이라도 받아낼 힘이 없으면 그것은 온전한 기쁨으로 다가오지 않는다. 나는 후배의 말을 듣고 화가 났지만 후배는 화를 안으로 삼키며 더 깊은 우울로 들어가는 것처럼 보였다. 그런 그녀를 보며 우울에 대한 두 가지 생각을 떠올렸다.

하나. 표출하지 않은 분노는 우리 내면에 가라앉아 우울이 된다.
둘. 이미 우울한데 우울할 리 없다고 버틸 때 우울감은 우울증으로 발전되기 쉽다.

우울할 리가 없다는 이야기

오랜 우울감으로 힘들어하다가 상담실을 찾은 민정(가

명) 씨도 비슷한 얘기를 했다. 어린 시절 그녀는 엄마의 무심함과 방치로 고통받았고, 언제나 타인의 사랑을 갈구하며 살아왔다. 자신의 아기만큼은 자신처럼 살게 하고 싶지 않았지만, 그것은 단지 의지와 결심만으로 가능한 일이 아니었다. 내면에 들어찬 우울 때문에 육아가 시작부터 버거웠기 때문이다.

상담을 받으며 그녀는 내면의 우울을 있는 그대로 마주하기 시작했고 조금씩 자신의 엄마와 어린 자신을 보듬기 시작했다. 그러면서 엄마 역시 우울했기에 사랑을 주기 어려웠음을 깨달았다. 상처 주는 모성 이전에 상처받은 모성이 있었음을 보기 시작한 것이다.

엄마 탓이 줄면서 자기 탓도 함께 줄었다. 엄마가 나를 외면한 건 우울했기 때문이었다는 깨달음, 내가 외면당할 만해서가 아니었다는 깨달음은 그녀의 마음을 가볍게 해주었다. 그리고 마침내 용기를 내 엄마와의 연결을 시도했다.

"엄마도 아이 키우며 힘들고 우울했을 것 같아. 나도 요즘 그렇거든."

돌아온 대답은 차가웠다.

"난 그런 적 없는데. 애 키우는 게 뭐가 우울해. 너 우울하면 병원 가 봐."

엄마라면 알아줄 줄 알았던 마음이 엄마라도 못 알아주

는 마음이 되자 그녀는 자신의 감정으로부터 더 깊은 소외감을 느꼈다. 연결의 시도가 또 다른 상처와 단절로 이어지자 애써 지켜온 마음의 둑이 무너지는 듯했다.

우울은 연결을 요구하는 감정이다. 단순한 연결이 아닌 서로가 서로에게 단단히 결속되는 깊은 연결감이 요구된다. 그런데 우울이 나와 타인을 분리시킬 때 우리는 더 깊은 우울감에 홀로 내던져진다.

아이를 낳았는데 우울할 리가 없다는 이야기, 아이를 키우는 것이 뭐가 우울하냐는 이야기에 엄마의 내면은 갈 곳을 잃는다. 극단적인 선택을 한 엄마들의 이야기가 잊을 만하면 다시 들리는 이유도, 우울감이 우리 마음을 내면의 막다른 골목으로 몰아넣기 때문이다.

우울하지 않은 것이 이상하다

아기가 태어나면 기쁘고 행복하기만 할까? 아이를 기르면서 느끼는 우울은 특수하고 특별한 감정일까? 아이를 키워나가는 데 있어 우울하지 않은 것이 과연 가능한 일일까? 우울할 사람과 우울하지 않을 사람은 따로 있을까? 우울은 벗어나려는 노력을 하지 않아서 생기는 감정일까? 착실하고 성실하게 의지를 다지고 힘을 내면 우울에 따라잡히지 않게 될까? 따라잡히더라도 금방 떨쳐낼 수 있는 힘을 어디에서 찾을 수 있을까?

아기 엄마가 우울할 리 없다는 사람들에게 나는 이런 질문들을 던져보고 싶었다. 왜냐하면 우울이라는 감정은 단순하고 간단한 공식 속에 넣을 수 없는 사회·문화적 감정이기 때문이다.

1. 우울의 보편성

생각보다 우울은 도처에 있다. 살면서 누구나 한 번은 우울증 진단을 받을 수 있다. 마음의 감기라고 부르듯 우울은 매우 보편적이다.

2. 여성의 우울

통계적으로 여성의 우울은, 모든 문화권에서 예외 없이, 남성보다 두 배 혹은 세 배 정도 높은 유병율을 보인다. 이 유병율의 차이는 사춘기부터 시작되는데, 몸과 마음으로 자신의 여성성을 인식하는 시점부터 우울에 취약해진다고 볼 수 있다. 여기에는 여러 가지 이유가 있지만 그만큼 여성으로서 아이를 키워내며 사는 삶이 녹록치 않음을 의미하기도 한다.

3. 엄마의 우울

엄마의 우울은 우리가 돌봐야 할 아기들이 무력한 존재라는 점과도 깊은 관련이 있다. 엄마는 아직 스스로 아무것도 할 수 없는 아기의 울음을 매일, 온종일 받아내야 한다. 즉, 엄마는 아기의 감정에 가장 크게 반응하고 가장 깊이 전염된다. 엄마가 된다는 것은 이렇게 우울에 취약해지는 일이다.

4. 생물학적 측면

아기 엄마의 우울은 생물학적으로도 당연하다. 임신, 출산, 육아, 그리고 사춘기 무렵의 월경에서 갱년기 무렵의 폐경에 이르기까지, 격동의 시간을 통과하는 동안 엄마의 몸은 호르몬 작용에 깊이 영향을 받는다.

결국, 아기 엄마가 우울하지 않은 것이 이상한 일 아닐까? 그런데 우울할 리가 없다니.

게다가 산후우울증을 상담하며 내가 확실히 느낀 것은, 본래 삶에서 에너지와 열정이 컸던 엄마일수록 아이를 키우면서 우울감에 더 깊이 빠지기도 한다는 것이다. 말하자면 우울은, 개인의 의욕과 의지에 달린 문제가 아니라, 본래의 에너지와 열정을 펼치기 어려운 환경에서 표출되는 무력과 분노라고도 볼 수 있다.

출산과 육아에서 느껴야 할 감정

또 다른 후배가 임신 소식을 알려왔다. 그때 나는 축하한다는 말 대신 기분이 어떠냐고 물었다. 후배는 갑자기 얼굴이 일그러지더니 이렇게 말했다.

"사실 너무 불안하고 불편하고 왜 지금인지 원망하게 돼요. 한편으론 어떤 가능성과 설렘에 마음이 붕 뜨기도 하고요. 그런데 임신했다고 말할 때마다 사람들이 모두 들떠서 축하한다고 하고 시부모님이 너무 감격해하는 바람에, 진짜 내 감정이 무엇인지 몰라 혼란스러웠어요. 아기는 어쨌든 축복이라니까요. '네 마음은 어떠니?' 하고 묻는 사람은 언니밖에 없었어요."

후배는 두 가지 면에 충격을 받았다고 했다. 네 감정은 어떠냐고 물어봐주는 사람이 한 명도 없었다는 것. 그리고 주변 사람들의 똑같은 반응에 둘러싸여 자신이 어떤 감정을 느끼고 있는지 알아채지 못하고 있었다는 것. 네 마음은 어떠냐는 질문을 받고 나서야 스스로에게 질문을 할 수 있었고 솔직한 감정을 느낄 수 있게 되었다고 했다.

후배의 이야기를 들으며 감정조차 사회적 규칙에 지배받는 현실에 대해 다시 생각해보았다. 게다가 출산과 육아를 둘러싼 많은 일들은, 마치 느껴야 하는 감정과 느끼지 말아야 하는 감정이 정해져 있는 것처럼 다루어진다. 특히 부정적인 감정이나 의혹과 혼란은 엄마의 마음속에서 빨리 지워버려야 한다고 강요받는다.

모성이데올로기가 강한 사회일수록 '아이=축복', '아이=결혼하면 당연히 낳는 것'이라는 공식이 단단하게 굳어져 있다. 그런 사회에서 사람들은 우울한 엄마보다 우울한 엄마 밑에서 자랄 아이들에 대해 더 크게 걱정한다. 이런 공식 아래 엄마의 우울은 은폐되거나 축소되고 압박을 받기 쉬운 것이 된다.

하지만 감정에는 어떤 규칙도 보편의 답도 없다. 승진해도 허망할 수 있고 기뻐도 울 수 있고 싸우고도 홀가분할 수 있다. 임신하고도 절망적일 수 있고, 아기를 낳아도 슬플 수 있고, 아기가 예뻐도 우울할 수 있다. 그런데 자신의 감정을 있는 그대로 받아들이지 못할 때, 자기 자신과 분리해서 바라봐야 할 때 우리는 무력감을 느낀다. 우울했던 마음에 더 깊은 우울이 깃든다.

우울을 살피는 마음

"산후 우울증이래."

어떤 아픈 일이 벌어진 후 서둘러 내려진 결론에서 이 말을 자주 확인하게 된다. 그런데 반복된 비극 앞에서 우리가 할 일은 서둘러 결론을 내리는 것이 아니라 한 사람의 아픔이 의미하는 바가 무엇인지 좀 더 살펴보는 것이 아닐까? 진단은 이 모든 이야기의 (결론이 아닌) 시작점이 되어야 한다. 한 사람의 우울 속에서 기울어진 사회의 모습을 볼 수 있어야 한다.

우리에게는 사회 속 엄마, 엄마 속 사회를 살피는 더 많은 이야기가 필요하다. 개인적 증상과 진단을 사회적 증상과 진단으로 전환할 수 있어야 한다. 그래야 '왜 나만'이라는 외로운 단절을 벗어나 '다함께'의 연대 안에서 필요한 힘을 주고받을 수 있기 때문이다.

시인 루미는 마음을 '게스트하우스'에 비유한다. 여러 얼굴과 나름의 역사를 가진 손님들이 잠시 머물다 떠나는 게스트하우스.

어떤 감정을 느끼지 않기 위해 고개를 돌리려 애쓰는 사람들에게, 나는 자주 루미의 은유를 들려주었다. 아무리 깊어도 감정은 감정일 뿐 나 자신이 아니다. 아무리 끈질기고 힘이 세도 지금의 우울은 내 마음에 찾아온 손님일 뿐이다. 엄마의 우울은 우리가 마주하는 모든 빛의 이면에 언제나 존재하는 어둠 같은 것일 뿐, 육아의 모든 것이 아니다. 게스트하우스의 손님과 같은 것이다.

아이들을 키우며 이런 마음의 손님맞이가 반복되는 일상을 살다 보니, 이따금씩 느끼는 우울을 조금 편하게 맞이하게 되었다. 우울이라는 손님이 찾아오면 '어서 오십시오'까지는 아니라도 '조금만 앉았다 가시지요. 뒤에 다른 손님들 많이 기다리고 있답니다'라고 말할 수 있을 정도는 된다.

결국 우울을 육아하는 일상에 이따금씩 찾아오는, 떠났다가 다시 돌아오기도 하는 동반자로 받아들이게 되었다. 하루하루 쌓여가는 엄마 내공으로 우울을 조금씩 이겨낸다.

오늘도 화를 내고 말았습니다

"아이들한테 화 안 내죠?"

자주, 종종 듣는 질문이다. 상담하는 사람이니까, 글 쓰는 작가니까, 웃는 상이니까, 부드러운 목소리를 가졌으니까, 그리고 무엇보다 평소에 다른 사람에게 화를 잘 안 내니까 아이들에게도 그럴 것 같은가 보다. 그런데 화를 안 내는 엄마가 어디 있을까?

아이 셋을 키우며 매일같이 크고 작은 화의 불덩이가 가슴속에서 솟아오른다. 자주 버럭하고 쉽게 욱한다. 또 그러다가도 그 화에 화상을 입은 듯한 아이의 모습을 보며 짠해지고, "이제 화 내지 마세요" 하면서 내미는 작은 손가락들과 지키지도 못할 약속을 하기도 한다.

그날 똑같이 이 질문을 내게 던진 한 친구는 내 대답을 듣고 표정이 심각해졌다. 그녀는 요즘 한 육아 전문가의 조언을 새겨듣고 실천 중이라면서, 벽에 '화 내지 말자'라고 쓴 종이를 붙여놓기도 했다고 말했다.

그 이야기를 들으며 그런 조치가 분명 도움이 되겠지만, 얼마나 지속될지는 잘 모르겠다는 생각을 했다. '화 안 내는 엄마가 어디 있어?'는 '화 안 내는 사람이 어디 있어?'와 동일한 문장이기 때문이다. 화를 내지 않는 건 불가능하기 때문이다.

화내고 자책하는 엄마

상담실을 찾아온 엄마들에게도 자주 이 질문을 듣는다. 그리고 그건 내가 화를 내는지 안 내는지 궁금해서 하는 질문이 아니라, 사실은 자신을 향한 반문이라는 걸 안다. 어떤 분들은 내 대답을 기다리지 않고 자신의 마음속에서 이 질문이 이끄는 다른 생각으로 곧바로 건너간다. 그러다가 어떤 기억에 걸려 넘어져, 손바닥으로 얼굴을 감싸고 한숨을 내뱉으며 이런 말을 하기도 한다.

"저는…… 엄마 자격이 없는 것 같아요."

강연 중에도 이와 비슷한 감정을 마주한 적이 있다. 부모 교육 강연이었는데, 각자 '내가 생각하는 좋은 엄마란'이라는 문장을 완성해보고 이야기를 나누는 시간이 있었다. 상기된 표정의 참가자들 중 사뭇 긴장한 한 엄마가 천천히 말했다.

"저는…… 아이에게 화를 낼 수가 없어요."

그러고는 터져 나오는 눈물을 참지 못해 갑자기 울기 시작했다. 이유는 묻지 말아달라고 작고 끊기는 목소리로 겨우 말씀하시는데, 티슈가 저 멀리서 파도처럼 전달되다가 결국 모두 함께 울고 말았다. 아이를 키우면서 재채기처럼 터져 나오는 크고 작은 화에 대한 복잡한 마음과 화내지 않으려는 노력, 이미 내버린 화에 대한 후회와 자책……. 그곳에 있었던 엄마들은 굳이 설명을 듣지 않아도 그 마음을 이미 너무나 잘 알고 있었다. 모두 내 아이에게 언제나 좋은 것만 주고 싶은 엄마였으니까.

그 마음의 한복판에서 나는 화라는 주제에 깔려 있는 몇 가지 전제들을 확인했다.

하나. 아이들에게 되도록 화를 내면 안 된다. (그런데 자꾸만 화가 난다.)

둘. 좋은 엄마는 아이들에게 화를 내지 않는다. (나는 절대 좋은 엄마가 될 수 없을 것이다.)

셋. 화는 좋지 않은 것이다. (화는 되도록 참아야 한다.)

넷. 화를 내면 엄마 자격이 없는 것이다. (나는 엄마 자격이 없는 것이 분명하다.)

다섯. 나만 화를 내며 감정조절을 못하는 것인지 의혹을 품는 엄마가 많다. (엄마라면 이러면 안 되는데 내가 좀 심한 것일까?)

나는 이 모든 전제에 ×를 다섯 개 친다. 마음 같아서는 500개를 치고 싶다. 모든 전제가 불가능한 기준으로 엄마 마음을 압박하고 있기 때문이다. 그런데 너무 많은 엄마들이 이런 전제에 눌려 몸과 마음이 어지러운 육아를 하고 있다. 있는 그대로의 자기감정을 받아들이지 못하고 표현하지 못한 채로 어렵게 뒤뚱뒤뚱 육아의 길을 가고 있다.

왜 화를 내야 할까?

전제들을 하나하나 되짚어본다. 그리고 엄마가 왜 화를 내야 하는지, 엄마의 화가 어떤 의미를 갖는지 생각해본다.

1. 경계 침범을 알리는 신호

우리는 '화'를 부정적으로만 받아들인다. 화는 내면 안 되는 것, 재빨리 진화해야 하는 불길 같은 것이라고 여긴다. 하지만 모든 감정이 어떤 메시지를 전달하듯 화도 마찬가지다.

'내가 지키고 싶은 경계'를 침범당했을 때 우리는 화가 난다. 그러니까 사소한 일에든 중대한 일에든 화가 났다는 것은, 내가 애써 그어놓은 선을 누군가가 밟고 들어왔음을 의미한다. 즉, 화는 상대방에게 나의 경계를 알리고 존중을 요구하는 신호이다.

아이는 타인의 경계를 아직 알지 못하고, 자라면서 경계에 대한 존중을 조금씩 배워나간다. 그렇기에 아이는 경계를 수시로 침범할 수밖에 없고, 엄마는 수시로 침범당할 수밖에 없다. 이 침범을 매순간 겪어내면서 화가 나지 않거나 화를 내지 않는다면, 그것이 오히려 이상한 일이다.

우리는 당연히 화가 난다. 아이를 재우고 내 시간을 가지려고 했는데 자꾸만 엄마를 부르는 아이에게 화가 나고, 저녁식사를 마치고 설거지를 끝냈는데 또 배고프다고 징징대는 아이에게 화가 나고, 자고 싶은데 못 자게 하고 먹고 싶은데 못 먹게 하고 가고 싶은데 못 가게 하는 아이에게 화가 난다. 육아하는 일상에는 매순간 수시로 경계의 침범이 발생

한다. 결국, 엄마니까 화내면 안 되는 게 아니라 엄마니까 화가 나는 것이다. 우리는 화를 통해 자신의 경계를 자기 자신과 주변의 다른 사람들에게 알려주어야 하고, 아이도 예외가 아니다. 그러니까 우리는 아이에게 수시로 알려주어야 한다.

"너 지금 금 밟았어! 엄마가 들어줄 수 있는 건 여기까지야. 더 넘어오면 더 화낼 거야!"

2. 화에 숨겨진 것들

화의 그늘 밑에는 슬픔과 우울이 가려져 있는지도 모른다. 상담실 안팎에서 화에 사로잡힌 분들과 상담을 하다 보면 화가 지나간 자리에 슬픔과 우울이 덩그러니 놓여 있는 것을 보게 된다. 엄마들의 화에는 이러한 감정의 덧칠과 은폐, 삼킴이 많다.

육아를 하면서 화가 날 때, 화나는 자신을 다그치거나 엄마 자격이 없다고 할퀴는 대신, 화에 가려져 들여다보지 못한 마음이 있음을 알아차리면 좋겠다. 그렇게 모든 것을 밖으로 흘려 산란시키고 난 뒤 마음에 남은 것을 소중히 간직하면 좋겠다. 화가 날 때는 고여 있는 마음을 안팎으로 흘려보내주어야 한다.

느닷없는 폭발 대신 충분한 예고편을

분노 조절 문제로 상담실을 찾은 분이 있었다. 그녀의 남편은 종종 이렇게 말했다고 한다.

"헐크도 화내기 전에 옷 찢는 시간이 있어. 그런데 당신은 느닷없이 화를 내니 나보고 어쩌라는 거야."

우리가 화를 내놓고 후회하는 이유는 대부분 화를 냈다는 사실 자체보다 '느닷없이 화를 폭발시켰다'는 데에 있다. 나 또한 아이들에게 화를 낼 수 있다는 데까지는 넉넉히 받아들였지만, 내 화가 재채기 같은 것이자 번개 없는 천둥 같은 것이었다는 사실 때문에 항상 자괴감에 빠졌다. 하지만 그렇다고 엄마 자격이 없다면서 스스로 할퀴지는 않기로 한다. 대신 더 나은 방식으로 화를 내고 더 빠른 방식으로 화의 불길을 진화해나갈 방법을 찾기로 한다.

아이를 향해 느닷없이 화를 폭발해낸 다음 후회할 때마다 '옷 찢는 시간'이라는 말을 자주 떠올렸다. 옷 찢는 시간은 나와 아이들에게 꼭 필요한 시간이었다. 더 나은 방식으로 화를 내기 위해 옷 찢는 시간의 단계를 밟아보기로 했다.

1단계, 평소에 알려주기. ("이러면 너 금 밟는 거야.")

"이러면 안 돼."

"이러면 화가 나."

2단계, 상황을 인식하게 하기. ("지금 너 금 밟고 있어.")

"너 지금 이렇게 하고 있어."

"네가 이러니 화가 날 것 같아."

3단계, 화내기. (10, 9, 8, …, 3, 2, 1 발사!)

"한 번만 더 하면 화낼 거야."

"엄마 지금 정말 화가 났어."

순서를 차근차근 밟아서 낸 화는 내고 난 다음에도 남는 마음이 없다. 하지만 1단계와 2단계를 건너뛰고 곧바로 화를 폭발시키고 나면 그 파급에 마음이 부서지고 만다.

'일관성'과 '예측 가능성'이라는 중요한 규칙을 어기고 느닷없이 화를 내버렸다는 사실은 육아하는 일상에서 가장 견디기 어려운 뜨거운 감정을 느끼게 했다. 그럼에도 아이들과 있다 보면 실시간으로 쏟아지는 갖가지 요구들과 쫓기듯 무언가를 해내야 하는 상황 때문에 곧장 3단계로 가버리는 일이 자주 벌어졌다.

평소에 분명하고 간단하게 규칙을 알려주고, 화를 내기 전에 경고를 하고, 화를 낼 때는 파급력 있게 내는 것. 또 혹시라도 느닷없이 화를 내고 말았다면 조금이라도 더 차분해졌을 때 아이에게 다시 반대로 짚어주는 것. 이것이 중요했다. 화를 냈다는 사실에 자괴감을 느끼며 에너지를 갉아먹는 대신, 그 화를 정정할 기회를 스스로에게 주는 것이다.

"엄마 방금 화났었어. 근데 너무 크게 화냈지? 그건 미안해. 하지만 말이야. 네가 이렇게 하면 화가 나. 앞으로는 그렇게 하지 않고 이렇게 했으면 좋겠어. 엄마도 화내기 전에 먼저 말해줄게."

화내고 설명하고 다시 화내기를 반복하는 여정을 거치며 엄마와 아이는 더욱 끈끈해지고 성숙해질 것이다.

화를 내도 엄마 자격은 충분하다

아이에겐 엄마가 전부이기 때문에 화를 내서는 안 된다는 생각, 그래서 엄마 자격이 없는 것 같다고 생각하는 엄마들에게 나는 이렇게 말해주고 싶다. 아이에게 엄마가 전부이기 때문에 화를 더 잘 내야 한다고. 아이가 화를 가지고 엄마와 제대로 한 판 해야 자신의 화를 다룰 수 있게 되고 타인의 화도 받아들일 수 있게 된다고.

엄마의 화가 완전하고 완벽할 필요도 없다. 세상이 완전하고 완벽하지 않은 것처럼 말이다. 그래야 아이는 화를 내는 모든 과정에 시행착오가 있음을 받아들이게 된다. 또, 완벽하게 화내려다 화를 삼키지 않게 된다. 화를 낸다고 해서 상황이 마무리되지 않는다는 사실도 알게 된다.

아이는 엄마의 화를 통해 자기 자신에 대해, 세상에 대해 더 깊이 알게 될 것이다. 아무리 큰 화라도 흘려보내면 흘러간다는 것도 알게 될 것이다. 그러니 화를 냈다고 해서 자격 없는 엄마라고 스스로 타박하지 않아도 된다.

아이에게 엄마는 세상 전부이다. 아무 금이나 밟는 아이에게 제대로 화를 내줄 수 있는 사람은 아이를 누구보다 사랑하는 엄마밖에 없다. 아이의 세계는, 무엇을 하든 화내주는 사람이 없는 흐릿하고 공허한 세상이 아니라 모두의 경계를 존중해주는 분명하고 충만한 세상이어야 하니까 말이다.

엄마의 분리불안

"가지 마. 나 엄마 가는 거 싫어."

글 쓰러 나가야 한다고 하니까 첫째가 말한다. 둘째와 셋째도 첫째를 따라 온몸으로 거부한다. 가지 말라고 바짓가랑이를 붙잡는 아이들의 모습과, 엄마 새를 향해 입을 벌리고 있는 갓 태어난 아기 새들의 모습이 겹쳐 보인다. 엉뚱한 상상을 하며 혼자 묻고 답해본다.

'엄마 새는 대체 어떻게 아기 새들을 남겨두고 떠날 수 있는 걸까?'

'아기 새들이 배고프다고 악쓰는 걸 옆에서 지켜보고만 있으면 엄마도 아기들도 아무것도 먹지 못한 채 굶주리게

돼. 먹이를 가져오려면 엄마 새는 떠나야 해. 채워서 돌아오는 건 떠나야만 할 수 있어.'

아기들은 언제나 뭔가가 고프다고 악을 쓰는 존재들이다. 사랑도 고프고 배도 고프고 재미도 고프고……. 이 모든 걸 엄마가 해결해주길 바라며 악을 쓰는 존재들. 엄마는 그런 아기가 애달프고 불쌍하고 안타깝지만, 그 옆에만 있어서는 필요를 채워줄 수가 없다. 줄곧 옆에만 있다 보면 육아의 배가 결국 침몰해버릴지도 모른다.

엄마가 스스로를 채우고, 그것으로 다시 아이들을 채워줄 수 있으려면, 일단 우는 아이들을 떼어놓고 떠나야 한다.

아이와 떨어져 있어도 괜찮을까?

"오면서 사탕이랑 아이스크림 사올게."

아이들이 나를 붙들고 있던 아귀힘이 조금 약해졌다. 엄마가 갔다 와야 한다는 걸 받아들여줘도 짠하고 안 받아들여줘도 짠하다. 어떻게 해도 어쩔 수 없이 짠한 마음이 든다. 마음이 약해져 순간적으로 망설이던 내게 베이비시터가 단호하게 말했다.

"괜찮아요. 그냥 가세요!"

문이 닫혔고 아이들과 나는 분리되었다. 빠르게 발걸음을 옮기지만 가지 말라고 붙잡던 아이들의 아귀힘, 그 감각이 아직 남아 내 마음을 휘젓는다. 집에서 꽤 멀리 떨어지고 나서도 아이들이 우는 소리가 귓가를 맴돌았다. 오르막길도 아닌데 오르막길을 가는 듯, 처음도 아닌데 처음인 듯 마음이 어지러웠다.

이럴 때 종종 떠오르는 영화 속 대사가 있다. 〈하이힐을 신고 달리는 여자〉에서 주인공 엄마가 아이와 헤어지고 돌아서며 나직이 중얼거리는 말이다.

"우리는 모두 아이의 분리불안을 걱정하지만 엄마의 분리불안은 걱정하지 않는다."

집 밖으로 걸어 나오며 영화 속 엄마와 같은 마음에 머문다. 아이의 분리불안이 아니라 나의 분리불안이 내 마음속에서 똬리를 틀고 있는 뱀처럼 나를 노려본다. 악을 쓰며 울음을 터뜨리는 아이의 얼굴이 마음속에서 떠나지 않는다. 다리에 힘이 들어가지 않고 노트북을 들고 있는 손과 어깨가 욱신거린다. 마치 길 위에 세워진 허들을 넘는 것 같고 물길을 거슬러 오르는 힘겨운 노젓기가 계속되는 것 같다.

내 안의 분리불안은 결국 아이의 분리불안에 대한 걱정 때문이었다. 그렇다면 아이의 분리불안을 제대로 바라볼 필요가 있다.

불안한 것이 당연하다

분리불안은 '애착하는 대상과 떨어져 있어야 하는 상황에서 자연스럽게 느끼는 힘든 마음'이라고 정의할 수 있다. 이 정의에서 중요한 부분은 '자연스러운'이라는 표현이다. 아이가 가장 편하게 느끼는 대상과 환경으로부터 떨어져 '아직은' 새롭고 낯선 얼굴과 풍경을 마주하게 되었을 때 불안을 느끼지 않는다면, 그것이 오히려 자연스럽지 않다. 아무리 밝고 씩씩한 아이라도 익숙한 환경과 낯선 환경, 익숙한 사람과 낯선 사람은 다르게 다가온다. 그것이 당연하다.

아이가 너무 당당하고 담담하게 엄마와 '빠빠이' 한다면 오히려 아이를 더 살피게 될 것 같다는 생각도 한다. 장례식장에서 상주가 너무 말끔해 보이면 그가 애써 막고 있는 무거운 마음을 더 걱정하게 되는 것과 같은 원리이다.

분리에 대한 불안은 자연스러운 것이다. 새롭고 낯선 얼굴과 풍경 앞에서 아이는 당연히 불안을 느낄 것이다. 하지만 결국에는 더 이상 불안하지 않은 것으로 전환해나간다. 그러니 아이가 불안함을 이겨내는 마음의 전략을 세울 수 있도록 돕되, 너무 크게 걱정하거나 조급해하지는 말자. 불안한 것이 당연하니까.

엄마가 데리러 온다는 믿음, 경험

'대상항상성'은 분리불안을 이겨내기 위해 필요한 마음속 믿음이라 할 수 있다. 아이 마음속에 엄마가 나를 보고 싶어 하고 나를 기다리며 어딘가에 존재하고 있고 시간이 되면 반드시 데리러 올 것이라는 믿음이 있다면, 아이는 엄마의 부재를 견딜 수 있다. 지금은 곁에 없지만 마음속에서는 건재하니까.

이 믿음은 아이들뿐 아니라 사랑하는 모든 관계에 적용된다. 대상항상성이 잘 정립되지 않은 사람은 어른이 되어 연인관계를 맺을 때 안절부절못하기도 한다. 떨어져 있는 물리적인 시간과 공간이 주는 마음의 공백을 대상항상성이 채워주지 못해, 과도한 불안과 걱정이 휘몰아쳐 마음의 평안을 얻기 힘들어지는 것이다.

떨어졌다가도 다시 돌아오는 엄마에 대한 믿음은 '경험적으로' 얻어진다. 떨어져 봐야, 떨어져 있었는데도 괜찮았다는 경험을 해봐야, 아이는 더 이상 엄마와 떨어져 있는 시간을 낯설고 무섭게 느끼지 않는다. 분리불안을 심하게 느꼈던 아이라고 해도 헤어졌던 엄마가 다시 돌아온 경험이 반복적으로 쌓이면 그 틀 안에서 안정감을 얻는다. 적응에 시간이 필요한 이유는 아직 경험적으로 학습되지 않은 것을 믿기 어렵기 때문이지만, 결국 모든 아이들은 배운다.

경험으로 습득한 대상항상성은 분리불안보다 더 강력한 힘을 발휘한다. 엄마와 헤어질 때마다 자지러지게 우는 아이라도 반복적으로 이를 경험을 하면, 결국 안정을 찾는다. 아이마다 적응하는 데 걸리는 시간이 다를 뿐 결국엔 적응을 해낸다. 놀면서 기다리면 엄마가 오더라는 경험을 붙들고 엄마를 기다릴 줄 알게 되는 대상항상성이 굳건하게 자리를 잡는다.

상실을 통한 성장

결국은 적응하겠지만 그래도 그 적응기 동안 아이가 경험할 외로움, 상실감, 슬픔, 분노의 상처가 걱정될 수도 있다. 그런데 이 시간 동안 아이는 이런 상처의 가능성에 취약해지기만 하는 것은 아니다. 이제 아이 앞에는 그 상처의 가능성보다 훨씬 더 큰 성장의 가능성이 펼쳐진다.

스무 명 남짓의 아이들이 옹기종기 모여 있는 가운데 아이를 처음으로 내려놓고 아이에게서 점점 멀어지는 날, 엄마는 아이의 성장을 실감하게 된다. 내 안에서 조금씩 움트는 작은 소망에 불과했던 아이가 어느새 이만큼 자랐다.

엄마에게 아이는 오직 한 아이, 오직 한 사람이지만, 그곳에서 아이는 여럿 가운데 한 명이 된다. 그 전환은 우리의 모든 발달과 성장 과정에서 아프고도 갑작스럽게 느끼게 되는 삶의 진실이자 발달상의 도약이다. 상실을 통한 성장이다.

오직 한 사람에서 여럿 중 한 사람이 되는 경험은 처음에는 아플 수밖에 없다. 언제나 자신만을 향했던 엄마의 눈길이 사라졌다는 사실, 엄마처럼 나를 안아주는 손길이 없다는 사실이 처음에는 얼마나 당황스럽고 낯설까.

하지만 오직 한 사람이 아닌 여럿과 함께하는 한 사람이 된다는 것은 앞으로 아이를 더 크게 하고 더 자유롭게 할 것이다. 그러니 아이가 용기를 내 세상 속으로 걸어 들어갈 수 있도록, 아이에게 경쾌하게 인사하고 담담하게 돌아서도 괜찮다.

아이는 엄마의 걱정보다 더 큰 존재이며, 세상은 엄마의 걱정보다 더 넓은 곳이며, 아이들은 놓아주면 더 크게 돌아 다시 돌아온다는 믿음. 그 믿음으로, 새로운 시작점에 서 있는 우리 곁의 작은 사람들, 엄마의 손길과 눈길이 닿지 않은 곳에서 자신만의 시도와 자신만의 모험, 자신만의 성공을 쌓아갈 아이들의 어깨를 그네를 밀어주듯 가만히 밀어준다.

엄마 소진
증후군

아기의 잠든 숨소리를 확인한 뒤 아기 곁에서 조용히 빠져나오다가, 문득 이런 생각을 했다. '온 세상이 온통 엄마'였던 아기의 세상은 점점 엄마 대체자들로 둘러싸인 세상으로 변해간다고.

아이는 의존에서 독립으로 나아간다. '꼭 엄마여야만 해'에서 '꼭 엄마가 아니어도 돼'로, '엄마가 없어도 괜찮아'에서 '이제는 엄마가 없는 것이 더 좋아'로 성장해간다. 전적인 의존에서 부분 의존 또는 부분 독립으로, 그리고 더 큰 독립으로 가는 여정이다.

아이의 발달과 성장의 여정을 따라가며 엄마의 여정도

조금씩 달라진다. 처음에 아이의 모든 것이었던 엄마는 결국에는 뒤에서, 멀리서 아이를 응원하는 자가 되어간다. 하나로 겹쳐진 두 개의 동그라미 안에 있던 아이는 자라면서 조금씩 엄마의 동그라미 바깥으로 걸어 나간다.

의존에서 독립으로 가는 모든 여정은 아름답고 이 과정을 함께하는 엄마와 아이의 관계는 세상 어떤 관계보다 끈끈하다. 하지만 의존의 시기를 버텨주는 일이 쉽지 않게 느껴질 때가 많다. 또 엄마의 자리를 지키며 소멸해가는 '엄마 아닌 나'를 마주하는 일 역시 쉽지 않다.

그래서 나는 엄마 소진 증후군에 시달린다. 그 증상은 이렇다.

몸과 마음이 너무 쉽게 방전된다. 자고 일어나도 완전히 충전되지 않은 상태. 아침부터 활력이 없다.

일상에서 재미있는 것이 별로 없다. 즐겁게 하던 일조차 안간힘을 써야 겨우 할 수 있게 된다.

퓨즈가 짧아도 너무 짧다. 아무것도 아닌 일에 쉽게 화를 낸다.

심장이 뛰는 속도는 빨라지고 잦아드는 속도는 느려졌다.

항상 아이들과 함께 있지만 마음은 다른 곳에 가 있을 때가 많다.

이렇게 몸과 마음이 이리저리 소진되고 마모된 것을 느

끼며 대책이 필요하다는 생각을 한다. 나에게 필요한 것은 사람. 나 대신 아이들을 돌보아줌으로써 내가 '엄마 아닌 나'로 회복할 수 있게 하는 사람. 엄마 대체자가 필요하다.

혼자서는 다 해낼 수 없어서

막상 엄마 대체자를 구하기로 하자 양가감정이 일었다. 아이를 맡겨야 할 이유와 맡기지 말아야 할 이유 사이에서 자꾸만 갈팡질팡했다. 그래서 소개받은 베이비시터에게 전화를 걸기까지 얼마간 시간이 걸렸다. 겉으로는 아이가 준비되지 않았을까 봐 걱정했지만, 사실은 내 마음이 더 걱정이었다. 어쩌면 아이를 맡기는 일에 있어서 아이의 준비만큼이나 엄마의 준비도 중요한지도 모른다.

하지만 베이비시터가 우리 집 현관에 들어선 순간, 나는 크게 안도했다. 하나의 고개를 넘어서 하나의 짐을 내려놓은 기분이었다.

베이비시터가 아이들과 함께 시간을 보내는 모습을 지켜보며 내 육아를 돌아보게 되었다. 장난을 치고 놀면서도 경계를 분명히 해주는 것이 나에게는 항상 어려웠다. 나는 언제나 바빴고 너무 진지했고 분명한 말보다 잔소리를 더 많이 늘어놓았다. 내가 세운 규칙을 아이들보다 먼저 깨는 사람도 언제나 나였다.

반면, 그녀는 분명하고 투명했고 간단한 용어와 흔들리지 않는 몸짓을 구사했다. 사실 그 분명함은 엄마에게 필요한 덕목이면서, 엄마이기에 구현하기 힘든 덕목이기도 했다. 이것은 엄마가 해주고 싶어도 해줄 수 없는 육아의 영역이 있기에 엄마 혼자서 육아를 다 할 수 없음을 이야기해준다. 따라서 우리에게는 엄마라도 안 되는 것, 엄마이기에 더 안 되는 것에 대한 '육아 아웃소싱'이 반드시 필요하다. 잘 안 되는 것을 억지로 다 해내려 애쓰기보다 혼자서는 다 해낼 수 없음을 받아들이는 것이다.

돌봄 노동의 가치

아이 셋을 베이비시터에게 맡긴 김에 내가 힘들어하는 살림 영역 중 하나인 청소도 맡겨볼까 싶었다. 그런데 비용을 계산해보니 너무 비싸서 망설이게 되었다. 청소까지 맡기는 비용이 한 시간에 3만 원에서 4만 원 정도였다. 살림의 모든 영역이 아니라 딱 한 부분만 포함한 것이 말이다. 이를 다시 해석해보면, 세상의 모든 엄마들은 시간당 적어도

3만 원을 지급받아 마땅한 일을 하고 있다고 말할 수 있는 것이다.

실제로 통장에 찍히는 건 아니지만 우리는 이 수치를 마음속에 잘 새겨야 한다. 없던 돈이 생겨야만 버는 것인가. 쓸 수도 있었던 돈을 쓰지 않는 것도 버는 것이다. 아이를 돌보고 살림을 하는 동안 우리는 그 어떤 일을 할 때보다 많이 벌고, 그 어느 때보다 많이 번다.

여러 사람의 이어달리기

베이비시터 이모가 온다고 이야기했을 때 첫째의 반응이 인상적이었다.

"그러면 내 돌보미 이모childminder도 생기는 거예요?"

아이의 목소리에서 들뜸과 흥분의 감정이 느껴졌다. 그리고 친한 친구 몇몇에게는 돌보미 이모가 있는데, 자신에게는 '엄마만' 있다는 사실을 의아하게 여겼다는 것도 알게 되었다. 우리는 엄마 대신 다른 사람이 아이를 돌보는 것을 결핍으로 받아들이지만, 아이는 '엄마만' 있는 상황을 오히려 결핍으로 받아들일 수도 있는 것이다.

우리는 아이에게 엄마가 최고라고 생각한다. 이 생각은

틀리지 않았다. 하지만 아이들이 엄마 대체자가 오는 상황을 결핍으로 받아들이지 않는 것을 보니, 아이들에게 엄마 대체자는 또 한 명의 엄마, 그러니까 '엄마들'이 생긴 것으로 받아들여진 게 아닐까 하는 생각이 든다. '대신'이 아닌 '추가'인 것이다.

또 한 명의 엄마, 추가된 엄마는 엄마에게 어떤 의미를 가질까? 이것은 결국 돌봄의 겹이 두터워지고 육아의 질이 높아지는 일이다. 내내 아이 곁에 머물면서 소진된 모성을 채워주는 것, 한 사람의 오래달리기가 주는 위태로움이 아닌 여러 사람의 이어달리기가 주는 안정감을 경험하는 일이다. 그리하여 '소진'에서 '충전'으로 가는 일이다.

좋은 엄마의 조건

베이비시터가 돌아간 뒤 거실에서 그녀의 향수 냄새가 은은하게 풍겼다. 막내가 방석을 들어 보이며 그녀의 이름을 중얼거렸다. 예전에 어떤 육아서에서 하루 세 시간은 엄마 냄새를 맡게 해주라는 이야기를 읽었던 기억이 난다. 그 생각을 뒤집어서, 하루 몇 시간쯤은 엄마 냄새가 아닌 다른 냄새를 맡게 해주어도 괜찮겠다는 생각도 해본다.

엄마 소진 증후군을 엄마 대체자를 세워 해결해보려던 시도에 대한 임상 보고서를 쓴다면, 그 보고서의 잠정 결론을 다음과 같이 쓸 수 있을 것 같다.

1. 좋은 엄마의 조건에서 '아이와 내내 함께해주는 엄마'라는 조건은 그다지 중요하지 않다. 때로는 그런 조건을 지워야, 엄마들이 좋은 엄마에 가까운 엄마로 기능할 수 있다.
2. 아이들도 엄마가 내내 함께해줘야만 좋은 엄마라고 생각하지 않는다. 몸과 마음을 충전하고 서로를 그리워할 시간을 가진 뒤에 뜨겁게 다시 만나 서로의 모험을 이야기할 수 있는 엄마가 좋은 엄마다.
3. 엄마로 사는 동안 우리는 참 많이 번다. 엄마의 돌봄 노동에 대해 제대로 된 가치 환산을 해볼 필요가 있다.
4. 엄마 대체자를 찾는 여정은 좋은 '엄마들'을 겹겹으로 세우는 과정이기도 하다.
5. 우리는 한 사람의 외로운 오래달리기가 아닌 여러 사람의 이어달리기를, 한 겹의 위태로운 육아가 아닌 여러 겹의 단단하고 다정한 육아를 꿈꾼다.

4장

이상적인 엄마는 아닐지라도

'태어나서 3년'은 꼭 엄마가?

아기가 돌 무렵에 박사 진학을 계획하던 한 지인이 있었다. 결혼과 출산, 육아를 감당하며 미루고 미룬 끝에 감행한 일이었다. 하지만 막상 실행하자니 걱정도 되고 망설여지기도 했는데, 하루는 한 모임에서 그런 속내를 털어놓았다. 그곳에 있던 사람들은 모두 그 결정을 지지해주었다.

"아이는 금방 커. 엄마도 하고 싶은 공부는 해야지."

모두의 지지를 얻고 확신에 차려던 차에, 그녀는 자신의 이야기를 전해들은 한 지인의 걱정스러운 조언을 듣게 되었다. 같은 논리였다.

"아이는 금방 커. 1, 2년 늦어진다고 아예 못 하는 것도 아닌데, 조금만 더 있다가 시작하면 어떨까?"

그분은 바로 자신이 이 시기에 박사 진학을 했고 어려움과 괴로움을 참 많이 겪었다고 했다. 그래서 아이를 조금 더 품고 있다가 아이가 다 큰 다음에 뭔가를 시작했으면 좋았을걸 생각한다고 했다. 태어나서 엄마를 가장 많이 찾을 때니까 아이 곁에 있어주어야 한다, 아이에게도 엄마에게도 다시는 돌아오지 않는 소중한 시기인 데다 모든 것은 때가 있다, 아이의 애착은 중요하고 어린 시절 경험이 평생을 좌우하는 법이다, 그러니까 조급하게 결정하면 안 된다……. 결국 엄마라면 적어도 3년은 온전히 아이를 돌봐야 한다는 말이었다.

그녀는 이 이야기들 사이에서 어떤 분열감을 느꼈다. 그녀의 분열감은 비단 그녀만의 것이 아니다. 모든 엄마들이 공통적으로 이 분열감을 앓는다. 자기의 욕망과 아기의 욕구 사이에서 엄마들은 이리저리 흔들린다.

모든 분열과 고뇌를 겪어내고 현실적 조건을 살피면서 엄마들은 언제나 최선의 선택을 한다. 그러면서도 어쩔 수 없이 수시로 의혹에 휩싸인다. '태어나서 3년은 엄마가'처럼, 이미 경험해본 사람들의 주장 또는 권위 있는 이론이 뒷받침해주는 이야기를 흘려듣기란 쉽지 않기 때문이다. 그래서 엄마들은 멈춘 진로의 시계를 다시 돌리려 할 때, 수많은 내적·외적 저항과 한계에 부딪친다.

육아에는 완전한 이론도 공식도 없다

'태어나서 3년' 룰은 영국의 정신분석가 존 볼비John Bowlby의 '애착 이론'을 토대로 한다. 볼비는 제2차 세계대전 이후 부모를 잃은 아이들을 보살피며 아이들에게 안정적인 지지 기반이 되어주는 사람이 얼마나 중요한가를 설파했다. 그는 주양육자가 아이를 향해 보이는 따뜻함, 일관성, 민감성이 중요하다고 이야기했다. 볼비의 이론은 양육법에 큰 영향을 미쳤고, 그 후 이 애착 이론의 전제를 토대로 많은 유아 심리 정서발달 이론이 세워졌다.

하지만 어떤 이론이든 한계가 있고, 더욱이 우리가 그것을 사용하는 방식에 문제가 있을 수 있다. 특히 볼비의 애착 이론을 '그러니까 태어나서 3년은 엄마가 아이 곁에 있어야 한다. 애착을 위해'라고 간단히 쓴다면 우리는 분명 이 이론을 잘못 사용하고 있는 것이다. 그 이유를 들자면 다음과 같다.

일단 이 이론이 만들어졌을 때 엄마들의 현실과 지금 엄마들의 현실이 다르다. 지금 우리에게는 애착이라는 단어가 전혀 낯설지 않지만 당시만 해도 그것은 놀라운 통찰이었을 것이다. 볼비는 심각한 모성 결핍의 위험에 놓인 아이들을 위해 이 이론을 만들었고, 이 이론을 정리한 책이 발간 된 지는 50년이 넘었다. 즉, 엄마가 없는 아이들을 위해 50년 전에 만들어진 이론을 토대로 한 '태어나서 3년'이라는 암묵적인 공식을 지금 우리 양육 환경에 그대로 적용하기엔 무리가 있다.

게다가 육아는 공식대로 되지 않고 모든 아이는 다 다르다. 애착은 관계이기에 단지 엄마 한 사람의 노력뿐 아니라 아이의 기질적 특성 역시 중요하다. 처음부터 애착이 어려운 아이가 있고 노력해도 잘 이어지지 않는 마음이 있다. 그리고 엄마의 노력이나 의지보다 엄마가 처한 양육 환경의 질이 오히려 양육의 질을 결정하기도 한다. 엄마의 사정도 아이의 발달 양상도 시시각각 변한다. 아이를 키워나가는 방식에는 저마다의 사정이 따로 있다.

또, 우리는 애착 이론을 이야기하며 마치 애착을 고정적인 것처럼 이야기한다. 하지만 애착의 본질은 관계다. 관계는 유동적이다. 지금 보이는 불안정 애착 리스트에 해당하는 모습이 반드시 끝까지 불안정한 모습으로 유지될 거라고 단정할 수 없고, 안정 애착이 모든 사람과의 관계를 안정적으로 이끌어줄 거라고 단정할 수도 없다. 모든 것은 변할 수 있고, 변할 수 있기에 불확실하다. 확실한 건, 우리는 모두 안정적인 관계를 원하며 아이에게 안정적인 환경을 주고 싶어 한다는 점뿐이다.

이론 자체에 문제가 없다 하더라도 이론을 경직된 방식으로 받아들이면 그것을 제대로 활용하지 못하게 된다. 뿌리 깊은 편견과 이데올로기가 이론의 형체를 띠고 우리 앞에 제시되고 그것이 하나의 공식으로서 받아들여질 때, 이론은 오히려 우리의 육아에 해가 된다. 육아를 하며 우리가 접하는 많은 이론과 담론에는 이런 맹점이 있다. 그러니 우리는 '태어나서 3년' 공식을 다시 생각해봐야 한다.

애착을 말하는 이들의 모순

한 워킹맘이 아이를 맡기는 이야기를 인터넷에 공개했다가 온갖 악플에 시달리는 것을 본 적이 있다. 아이가 지금은 괜찮아 보이더라도 분명 나중에 심리적인 문제가 생길 거라고 장담하는 말들과, 어릴 적 엄마가 옆에 없었을 때 겪은 외로움과 상처를 토로하는 말들이 주렁주렁 달렸다.

댓글을 보며 엄마가 아이 곁에 내내 있어주어야 한다는 주장에서, 또 그 주장을 하면서 애착이라는 말을 꺼내는 사람들의 모습에서 여러 모순을 발견했다.

하나, 사람들은 엄마 혼자 감당하는 양육이 여러 사람이 나누어 하는 양육보다 더 우월하다고 생각하는 것처럼 보인다. 이렇게 여러 사람이 함께하는 것보다 혼자 해내는 것이 더 우월하다는 생각은 육아에 있어서만 특징적이다.

둘, 아이 곁에는 엄마가 있어야 한다는 마음의 공식이 너무 굳건한 나머지, 아이가 엄마와 떨어져서 잘 지내더라도 그 상황을 있는 그대로 받아들이지 않는다. 단순하게 '열외' 취급하거나 굳이 '나중에'를 끌어와 결국 아이에게 문제가 생길 거라고 장담한다.

셋, 이미 '태어나서 3년' 공식을 지키기 어려운 엄마들이 더 많다. 그리고 사실 0세부터 아이를 맡길 수 있는 공식적인 국가의 지원이 이루어지는 한국 사회에서, 아이를 맡긴다고 엄마를 비난하는 건 한마디로 현실 부정의 비난이다. 선택지를 주고 그것을 선택했다고 비난하는 꼴이다.

넷, 사회는 아이 곁이 아닌 엄마의 자리, 엄마가 아닌 여성의 자리를 쉽게 받아들이지 않는다. 엄마와 아이를 서로 뗄 수 없는 하나의 세트로 판단하는 태도와, 여성을 엄마의 자리에 박아두려는 태도를 고수하기 위해 이 모든 이론이 동원된다.

마지막으로, 이 비난에는 가장 중요한 맹점이 있다. 이 비난을 둘러싼 전제를 살펴보자면 '태어나서 3년' 공식을 지킨 엄마들은 다른 분열감을 느끼지 않아야 한다. 하지만 엄마들은 아이를 맡겨도 맡기지 않아도 걱정과 불안에서 자유로워지지 않는다. '엄마가 아이를 너무 끼고 살면 안 된다'는 훈수와, 엄마의 경력단절에 대한 경고가 마음을 어지럽히기 때문이다.

아무리 대단한 이론이라도 우리가 육아하는 현실에 도움이 되지 않는다면, 다시 생각해봐야 한다. 지금 육아를 하는 엄마의 현실에 맞지 않다면, 과감히 뒤집어놓거나 탈락시켜야 한다. 나와 아이를 위해 어떤 육아 환경을 선택할 것인지는 언제나 엄마의 몫이다.

엄마의 육아 3년을 돌아보다

육아를 하면서 우리는 이론의 도움을 받는다. 이론은 막막한 육아의 바다를 항해하는 우리에게 방향을 잡아주고 중심을 붙들어주는 지혜와 기준이 된다. 하지만 이론은 완전하지 않고 그것을 토대로 만들어진 공식들은 본래의 모습이 아닌 그 사회에 익숙한 담론을 표방하고 있는 경우가 있다.

육아에 정답은 없다. 세상에 100명의 엄마가 있다면 100가지 양육 방식이 있고 100명의 다른 아이들이 있다. 하나의 공식으로 모든 것을 포괄할 수 있을 만큼 우리의 육아는 간단하지 않고 우리의 사정은 고정적이지 않다.

엄마가 된다는 것은, 아이와 세상에서 가장 끈끈한 관계를 맺으면서 어떤 선택을 하든 중요하고 소중한 대상인 아이와 함께할 수밖에 없음을 의미할 뿐이다. 엄마가 되었으니 자신의 모든 계획과 욕망을 지워서 없애버려야 함을 의미하지 않는다.

우리의 선택지는 '엄마의 욕망 대 아이의 욕망'으로 대립하고 분열되지 않는다. 우리의 애착은 언제나 '공존'을 지향한다. 우리가 받아들이는 모든 공식은 시시각각 변하는 엄마의 계획과 사정, 아이의 발달과 욕구 모두를 포괄하며, 언제나 '임시방편'이며 '미세조정 중'이라는 표가 붙는다.

'태어나서 3년', 엄마의 육아 3년을 다시 정의해본다.

당연히 아이의 3년은 중요하다. 그 3년이 30년으로 이어질 것이다. 아이에게 안정적이고 안온한 환경을 만들어주기 위해 엄마는 최선을 다할 것이다. 그래야 할 것이다. 애착 이론 때문이 아니라도, 우리는 그것의 중요함을 잘 알고 있다.

아이의 3년이 중요한 만큼 엄마의 3년도 중요하다. 아이가 금방 큰다는 말도 3년이 금방 지나간다는 말도 다 맞다. 하지만 우리의 육아 3년은 어떤 공식으로도 간단하게 흘러

가지 않는다. 아이가 금방 크는 것처럼 엄마의 시간 역시 금방 지나간다. 육아하는 3년이 30년 이상을 바라보는 것처럼 엄마의 3년 역시 30년으로 이어진다.

결국 누가 무엇을 어떻게 하든, 그 선택을 존중하고 지지해주어야 한다. 그 육아는 그 엄마의 것, 그 누구도 대신해줄 수 없고 쉽게, 함부로 이야기할 수 있는 것이 아니다.

아이가 커가는 환경이 안정적이고 안온하도록 모두의 선택을 존중해주고 지지해주는 것. 그것이 결국 우리 모두가 원하는 아이의 행복을 도모하는 길이다.

이상적인 엄마는 아닐지라도

"아이가 잠이 없어요. 계속 책만 읽어달라고 해요. 체력이 어찌나 좋은지 아무리 늦게 자도 아침 일찍 일어난다니까요."

첫아이가 세 살 무렵, 친정 아빠와 이야기를 하다가 아이 때문에 잠을 잘 못 자고 있다는 이야기를 했다. 겉으로는 하소연이고 투정이었으나 그 속에는 아이를 향한 대견함과 귀여움이 담겨 있었다. 아이를 낳은 뒤 아이에 대해 이야기할 때면 이렇게 하나의 문장에 여러 감정이 담기곤 했다.

"이 녀석아. 네가 엄마를 따라가야지 엄마가 너를 따라가게 하면 어쩌니. 엄마 피곤하니까 빨리 자라."

아빠는 아이를 보며 장난스럽게 말씀하셨다. 나를 위해

하신 말씀이었지만 듣는 순간 묘한 기분이 들었다.

'어? 나는 엄마니까 내가 아이를 따라가 줄 건데.'

그때는 아이의 마음을 읽어주고 아이의 욕구와 결핍에 민감하게 반응해주는 것이 부모됨의 주된 역할이라고 굳게 믿고 있었다. 게다가 나는 상담심리를 공부한 엄마였다. 아이 마음을 어떻게 따라가 주어야 하는지에 대해서라면 이론과 정보로 철저히 무장되어 있는 상태였다. 그리고 또 한 가지. 그때의 나는 '체력 방전'이 엄마를 어떤 지경으로 이끄는지 아직 잘 모르던, 아이 한 명을 기르는 엄마였다.

지금 생각해보면 그때 나는 아이 쪽으로 살짝 기울어져 있었던 것 같다. 그리고 그래도 괜찮다고, 아이중심 육아는 당연한 것이라고 생각하고 있었다. 하지만 그 당연함은 마라톤보다 긴 육아의 여정을 더욱 어렵게 하는 요인이 되기도 했다.

경험한 엄마와 지향하는 엄마

현대의 아기 돌봄은 과거의 그것과는 완전히 달라졌다. 과거에는 아기를 잘 돌본다는 것에 대한 성찰과 이론이 없었고 딱히 필요하지도 않았다. 아이들이 무엇을 원하는지,

아이들을 어떻게 보호해야 하는지는 고민할 거리가 아니었다.

생각해보면 '어린이'라는 개념도 비교적 최신의 것이고 어린이날이 생긴 것도 얼마 되지 않았다. 아동심리학, 아동을 위한 심리치료, 아동을 이해하기 위한 이론들이 쏟아져 나오기 시작한 것 역시 그리 오래되지 않았다. 그전까지 아이들은 언제나 어른의 필요와 욕구, 취향에 따라 다루어졌다.

과거에는 아이들이 존중받거나 보호받지 못했기 때문에 육아 또한 중대한 일로 받아들여지지 않았던 것 같다. 어쩌면 한 부모가 많은 아이들을 낳아 기르던 과거의 육아가 몸은 고단해도 마음은 덜 고단했을지도 모르겠다.

한편 현대 사회에서 육아는, 부모가 아이에게 거의 모든 것을 쏟아부어야 하는 어떤 것으로 떠올랐다. 우리는 최선을 다해 아이를 키우면서도 잘못된 것은 없는지, 놓치는 것은 없는지 늘 노심초사한다.

또, 우리는 인류 역사상 최초로 '행복을 위해', 그것도 '아이의 행복을 위해' 아이를 낳는다고 말하는 부모 세대이다. 대를 잇기 위해서라든가, 가족의 자원을 위해서라든가, 결혼하면 당연히 아이를 낳아야 하기 때문이라든가 등등, 더는 이런 이유들 때문에 아이를 낳지 않는다. 우리는 경험해보지 못한 방식으로 아이들을 키워내야 하는 최초의 부모

집단이 된 것이다.

바로 여기에서 우리는 근본적인 어려움을 마주한다. 왜냐하면 우리가 아무리 열심히 공부하고 고심하여 육아를 계획한다 해도, 우리 육아의 최초 설정된 기본값은 '내가 경험한 엄마'의 모습일 수밖에 없기 때문이다. '내가 경험한 엄마'와 '내가 지향하는 엄마'는 완전히 다를 수 있고, 이미 설정된 기본값을 초월하는 건 생각보다 쉽지 않다. 결정적인 순간에 내가 구현해낼 수 있는 엄마의 모습은 육아 이론 속 '그 엄마'가 아니라 내가 경험한 '우리 엄마'일 가능성이 크다.

생각보다 잘하고 있다

부모님은 분명 우리를 사랑으로 키우셨겠지만 부모님의 육아 방식은 지금 우리가 지향하는 방식과는 많이 달랐다. 우리는 받아본 적이 없는 사랑의 방식을 우리 육아의 중요한 실천 강령으로 받아들이고 있는데, 그렇기 때문에 당연히 몸과 마음에 과부하가 걸린다. 또, 어떤 모순을 마주하게도 된다.

머리로는 아이중심 육아를 지향하지만 그 가치를 몸 밖

으로 꺼내기가 어렵다. 더 나은 육아를 해내기 위해, 몸과 마음에 밴 어떤 습관에서 벗어나기 위해, 전문가의 의견과 전문적인 이론을 열심히 공부하지만, 들으면 들을수록, 읽으면 읽을수록 혼란에 빠지고 자책에 빠지기도 한다. 더 많이 알수록 오히려 나 자신의 방식에 자신감이 더 떨어지게 되는 역설이 존재하는 것이다.

아이를 위한 공감과 존중이 필요하다는 이 시대 육아의 보편적 행동 강령은 우리를 오히려 자책에 빠지게도 한다. 지향점에 도달하지 못하는, 당연하게 여기는 것을 못 해주는 엄마가 되어버리기 때문이다. 최초에 설정된 기본값이자 출발선을 고려하지 않고, 육아 이론 속 '그 엄마'가 되지 못한다며 스스로를 타박하는 것이다.

하지만 현대의 부모가 아이를 위해 노력하는 공감과 존중, 배려는 사실 당연한 것이 아닐 수도 있다. 우리는 받지 않은 것을 해주기 위해 일상에서 매순간 애쓰고 있기 때문이다. 결국 우리는 우리의 생각보다, 우리가 받아온 것치고, 육아를 꽤 잘해내고 있다.

그러니 지금 머리로 생각하는 만큼 몸으로 실천이 되지 않는다고 해도 괜찮다. 그런 마음을 품는다는 것 자체로 우리는 이미 아이를 배려하고 공감하려 노력하는 육아를 해나가고 있는 것이기 때문이다. 더 나은 엄마가 되기 위해 우리는 충분히 진화하고 있다.

엄마 24시 속 균형 잡기

언젠가 두 명의 친구들과, 나와 아이까지 넷이서 공원을 산책한 적이 있다. 먼저 한 친구가 아이 손을 잡고 앞서 나갔는데 친구는 아이의 키와 속도를 맞추느라 어쩔 줄 몰라 하며 뒤뚱뒤뚱 걸었다. 다른 친구가 그 모습을 보며 놀렸다.

"뭐야. 왜 저렇게 쩔쩔매는 거야?"

이번에는 다른 친구가 아이와 손을 잡고 걸었다. 그 친구는 꼿꼿하게 허리를 세우고 자기 속도로 걷는 바람에 아이가 힘들어했다. 처음에 아이와 걸었던 친구는 이렇게 말했다.

"아이고. 저러다 애 넘어지겠어."

아이 손을 잡고 걷는 내 모습은 어떻게 보일까? 친구들과 헤어진 후 한참을 생각해보았다.

육아는 균형 감각과 유연성, 선긋기와 줄타기를 필요로 하는 묘기이자 예술이자 과학이자 심리학이다. 아이는 아이답게 엄마는 엄마답게 뚜벅뚜벅 걸어가야 하는 걸 알지만, 그 길이 어디인지 매순간 헷갈리고 잃어버리는 것이 바로 육아이다.

세 아이의 손을 잡고 엄마 24시를 걷고 있는 지금의 나는, 아이중심과 엄마중심 그 어딘가에서 매일 균형 잡기를 시도한다. 그러다가 아이다운 게 무엇인지, 엄마다운 게 무엇인지 헷갈릴 때, 머리로는 알지만 몸 밖으로 나오지 않을 때 아이중심을 내려놓고 엄마중심으로 옮겨간다.

아이중심의 육아, 엄마중심의 육아. 우리는 육아하는 내내 이 두 가지 관점과 가까워졌다가 멀어졌다가를 반복할 것이다. 아이를 키우면서 하는 선택은 단순히 중요한 것과 중요하지 않은 것을 골라내는 일이 아니라 모든 중요한 것들 사이에서 더 중요한 것을 골라내는 일이기에, 또 '무엇이 더 좋을까?'보다 '무엇이 덜 해로울까?'를 묻는 경우가 더 많기에, 우리는 이 두 가지 선택지에서 끊임없이 들썩인다. 극단으로 치닫고 경직되는 것이 문제일 뿐, 둘 사이를 오가는 것은 아무런 문제가 되지 않는다.

수시로 기울어지고 매순간 새로운 균형 잡기를 시도하고 또다시 한쪽으로 기울어지는 육아의 진자 운동은 내내 계속될 것이다. 그 속에서 우리는 자주 길을 잃을 테지만 곁에서 우리를 잡아주는 사람들이 언제나 기다리고 있을 것이고, 결국에는 우리 안에서 균형추를 다시 찾게 될 것이다. 흔들림은 오래 가지 않을 것이다.

쉬운 아이,
쉬운 육아

셋째를 임신했을 때 위로 아들 둘이 있는 걸 아는 사람들은 하나같이 셋째의 성별을 궁금해했다. 딸이라고 답을 해주면, 꼭 자신의 일이라도 되는 듯 크게 안도하며 이런 말을 덧붙였다.

"아들 키우다 딸 키우면 육아 신세계가 열려요."

그때는 그 말이 마음에 별로 와닿지 않았다. 그런데 낳아서 키워보니 셋째는 위의 두 아이보다 확실히 쉬웠다.

일단, 셋째는 잠을 잘 잤다. 생후 50일부터 통잠을 잤고 한결같이 잘 잤다. 잠이 없는 첫째와 잠을 안 자는 둘째 때문에 수많은 밤을 한숨과 눈물로 지새우고 피로와 두통의 터널을 지났던 나로서는, 잠을 잘 자는 셋째를 보며 오히려 허탈했다.

잠을 잘 자서 그런지, 셋째는 깨고 난 후에도 투정이 없었다. 자다 깨면 천장을 보며 혼자 웃다가 나를 불렀다. 엄마가 빨리 오지 않아도 웃으며 기다렸고 엄마가 오면 '엄마 엄마' 하며 안겼다. 다정하고 따뜻한 작은 몸이 내게 안겨올 때면, 온 세상의 따스함을 선물 받는 듯했다.

육아의 무능력이 뒤집혔다

셋째는 먹이는 것도 쉬웠다. 첫째, 둘째를 키울 때는 단계별로 시판 이유식이라도 사서 먹였고 무엇을 언제부터 먹여야 할지를 지키려고 노력했다. 하지만 셋째쯤 되니 아이 셋을 동시에 돌보는 일이 힘겨워, 먹는 것에 신경을 써주지 못했다. 결국 셋째는 버섯보다 초콜릿을 먼저 먹었다. 먹는 순서가 바뀌긴 했지만, 요즘 셋째는 오빠들은 먹지 않는 버섯을 잘도 먹는다. 오물오물 버섯을 먹는 셋째를 보고 있으면 신통방통하다.

영상 시청에 대한 생각도 셋째를 키우며 바뀌었다. 그전까지는 영상을 어쩔 수 없이 보여주는 '필요악' 정도로 생각했다. 하지만 지금 와서 생각해보면, 어쩌면 나는 영상 시청의 해악성에 대한 연구들에 너무 많이 노출되어 있었고, 영상 매체에 의존하지 않아도 될 정도의 육아 환경과 체력 덕에 그런 이론을 따를 여유가 있었던 게 아닌가 싶다.

두 살이 되기 전에 영상을 많이 보여주면 큰일나는 줄 알았는데, 태어났을 때부터 영상에 노출되었던 셋째는 오히려 영상에 집착하지 않는다. 결국 영상을 보느냐 마느냐가 아니라, 그 속에 '함께'라는 요소가 있느냐 없느냐가 더 중요했던 것 같다. 영상은 '보여주는 것'이 아니라 '함께 보는 것'이었다.

결국 셋째까지 키우고서야 뒤늦게 알게 된다. 어린 시절 습관이 중요하다는 말은 아주 짧은 호흡의 시간을 의미하는 것이 아님을. 어린 시절부터 쭉 이어지는 긴 호흡의 경험세계를 말한다는 것을. '세 살 버릇 여든까지 간다'는 속담에서 강조되어야 할 지점은 '세 살'의 한 단면이 아니라 '여든까지'의 연장선이었던 것이다.

그러니까 오늘 아이가 통잠을 잤는지, 이유식을 남기지 않고 다 먹었는지, 책을 좋아하는지 영상을 좋아하는지에 너무 안달복달하지 않아도 된다. 오늘 잘 되지 않아도 내일 더 나은 시도를 해볼 수 있으니까. 시간은 충분하니까. 셋째까지 키워보고야 이제 조금씩 알게 된다.

그렇게 셋째는 나의 육아 무능력을 뒤집어주었다. 내가 못 재운 게 아니라 아이가 안 잔 것일 수도 있고, 내가 못 가르친 것이 아니라 아이가 아직 안 배운 것일 수도 있으며, 내가 못 먹인 게 아니라 아이가 안 먹은 것일 수 있고, 내가 뭔가를 잘해주지 않아도 괜찮을 수 있음을 셋째를 통해 알았다. 완벽하지 않아도 되는 엄마의 권리와 명분을 셋째 덕분에 알았다. 여러 면에서 셋째는 쉬운 아이였고 셋째를 키우는 일은 더 쉬웠다.

그런데 '쉬운 아이'라는 쉬운 단정이 한 아이를 얼마나 잘 설명해주는지, 과연 그 단정이 우리의 육아를 수월하게 해주는지, 의구심이 들기도 한다.

쉬운 아이, 까다로운 아이

언젠가 MBTI 성격 유형 분류에 따른 상담을 하는데 한 학생이 이런 말을 했다.

"사람을 하나의 유형으로 분류하는 것이 과연 가능할까요? 저는 제가 이 분류표 사이사이에 걸쳐 있는 것 같은데요?"

학생은 네 개의 알파벳으로 된 자신의 MBTI 분류 결과를 있는 그대로 받아들이지 않았다. 자신은 모든 유형의 사이에 걸쳐져 시시각각 변하고 있는 존재라는 것이다.

사실 모든 사람이 그럴 것이다. 우리는 쉽게 묶이는 존재도 아닐뿐더러, 분류할 수 없는 특성이 나를 더 잘 설명해주기도 한다. "너는 이런 사람이야" 혹은 "나는 이런 사람이야"라고 어떤 유형 안에 가두어놓는 순간부터 우리는 그 유형으로부터 멀어지기 시작한다.

어쩌면 '쉬운 아이', '까다로운 아이'라는 유형 분류는 그 아이가 어떤 아이인지보다 그 아이를 바라보는 엄마의 마음이 어떤지를 더 많이 드러내는지도 모른다. 즉, 아이가 쉽다기보다 엄마가 아이의 어떤 어떤 행동들을 쉽게 느낀다는 것이다. 엄마의 주관적 마음이 투영될 가능성이 큰 것이다.

게다가 지금 쉽다고 해서 나중에도 쉬우리라는 법은 없다. 결국 어느 누군가의 특성도, 어느 누구의 삶도, 어느 누구의 육아 시간도 그렇게 간단하지 않다. '쉬운 아이', '까다로운 아이'라는 쉬운 명명은, 여러 겹의 특성을 가진 한 아이와 함께 걷는 육아의 입체적인 시간을 단면적으로 축소시킬 뿐이다.

언제부턴가 육아가 힘겹게 느껴질 때면, 아이들이 쉬운 아이인지 어려운 아이인지를 가늠하기보다 내 마음이 왜 쉽지 않은지를 살피게 되었다. 나는 나 자신을 받아들일 수 있는 만큼만 아이들을 받아들일 수 있었고, 하나의 질문은 하나의 답이 아닌 여러 갈래의 질문으로 이어졌다. 항상 모두에게 통하는 방식은 없지만, 그 순간 그 아이에게 통하는 방식은 있었다. 정답이 없기에 어렵지만, 오답도 없기에 어렵지만도 않은 길이다.

이제는 안다. 아이들을 키워오는 동안 '육아가 어렵다'고 자주 이야기를 해왔지만, 사실은 쉽게 지나온 부분들이 더 많았음을. 어려운 아이를 키운다고 해도 키우는 내내 어렵기만 한 육아는 없고, 쉬운 아이를 키운다고 해도 내내 쉽기만 한 육아도 없음을.

그래서 나는 내 곁에서 인형처럼 얌전하게 앉아 방긋 웃는 딸을 기르는 과정이 내내 쉬우리라고 기대하지 않는다. 내 아이들의 모든 날들이 내내 쉽게만 흘러가길 바라는 마음도 다시 내려놓게 된다. 아이는 내 곁에서 시작한 삶의 여정을 자신의 두 다리로 걸어가며 때론 쉽게, 때론 어렵게 자기만의 세계를 만들어갈 것이다.

못 올 수도 있었는데 와주어서

셋째가 생겼을 무렵, 소식을 들은 친구가 찾아왔다. 친구는 딸 부잣집 셋째 딸이었다. 팔짱을 끼고 함께 밥집으로 향하는데 친구가 이런 말을 했다.

"나는 가끔씩 이런 생각을 해. 우리가 보통 첫째는 꼭 낳잖아. 둘째도 첫째만큼은 아니어도 많이 낳고. 하지만 셋째까지 낳는 사람은 많지 않아. 셋째는 세상에 존재할 가능성이 확실히 떨어지는 거야. 그 생각을 하면 부모님께 정말 감사한 마음이 들어. 안 낳을 수도 있었는데 낳아주셔서."

뭉클했다. 이 말을 내 삶에 대입해보았다. 하마터면 아이가 내게 못 올 수도 있었는데 와주었다. 감사한 일이었다. 세상의 모든 아이와 부모 사이, 인연과 필연의 고리들이 온 세상, 온 집에서 생생하게 반짝이는 듯했다.

아이들 때문에 힘들 때도, 아이들 때문에 힘이 날 때도 친구의 그 이야기를 다시 떠올려본다. 이만큼 서로가 서로에게 감사하고 끈끈한 인연이 우리 생에 또 있겠는가 싶다. 세상의 모든 우연과 필연의 가능성을 뚫고 내 곁에 온 세 아이의 얼굴과 몸짓을 새삼 다시 지켜보게 된다. 아이를 키우며 자주 이런저런 감정이 얽히고설키지만, 결국 내 안에는 언제나 알맹이만 영롱하게 남는다. 사랑과 감사 그리고 안도와 축복이다.

육아서를
어떻게 읽어야 할까?

어떤 분께 고마운 마음을 전하고 싶어서 갖고 있던 육아서를 드리려고 했다. 그런데 그분은 사양하시면서 이렇게 말씀하셨다.

"저는 육아서를 읽지 않아요."

대답을 듣고 조금 놀랐다. 그리고 육아서에 대한 내 생각을 돌아보게 되었다. 아이를 키우는 사람이라면 당연히 육아서를 반길 거라고 생각했다. 하지만 그분의 말을 듣는 순간, 육아서를 읽기로 한 결정만큼 읽지 않기로 한 결정도 이해할 수 있을 것 같았다. 육아서를 더 많이 읽는다고, 육아 이론을 더 많이 접한다고, 더 나은 육아를 하는 것은 아니기 때문이다. 게다가 어떤 이론은 우리의 현실에 해롭기도 했다.

육아서를 읽지 않기로 한 결정에 공감했던 건, 아마도 육아를 하면서 느끼는 무기력과 의존성 때문이었던 것 같았다. 어차피 안 될 거라며 육아서를 배척하는 무기력과, 육아서에 나오는 대로만 해야 한다는 맹목적인 의존성.

이 양극단의 태도 사이에서 중요한 것은 나의 지점을 점검하는 일일 것이었다. 육아서를 읽기 전에 내 마음을 먼저 살펴봐야 했다.

육아서를 읽기 전에 살펴볼 마음

많은 엄마들이 육아를 하며 열정적으로 전문가의 의견을 수집한다. 수십 가지 육아서를 섭렵하기도 하고, 육아 조언을 얻을 수 있는 채널에도 여러 군데 참여한다. 이들은 준전문가라고 불려도 손색이 없다.

녹록치 않은 육아의 길 위에서 더 나은 육아를 하기 위해 노력하는 모습은 정말로 멋지다. 그런데 내가 만난 열정적인 엄마들 중에는 너무 많은 전문가의 의견을 구하는, 이른바 '전문가 쇼핑'을 하는 분들도 있었다.

이혼을 앞두고 아이의 상처를 최소화하기 위한 조언을 구하러 상담실에 오신 분이 있었다. 그간 만나온 전문가의 수와 범위를 듣고는 그분이 얼마나 많이 걱정하고 있었는지 느낄 수 있었는데, 한편으론 그 걱정 때문에 중요한 것을 잊고 있다는 생각도 들었다.

지금까지 어떤 이야기를 들었으며 그중 가장 마음에 남은 이야기가 무엇이었는지 물었다. 이야기를 듣다 보니 그분은 '아이에게 상처를 최소화하기'라는 가능한 목표가 아니라 '상처를 주지 않기'라는 불가능한 목표를 가지고 있는 것 같았다. 그리고 그 때문에 지금까지 많은 전문가들의 이야기를 들었음에도 만족하지 못한 것 같았다.

여러 전문가의 견해를 듣는 일은 우리를 몇 가지 함정에 빠뜨릴 수도 있다.

1. 정보를 찾아 헤매는 동안 정작 아이의 이야기가 지워질 수도 있다.
2. 더 많은 이야기를 듣는 것이 반드시 더 나은 선택을 가져오는 것은 아니다.
3. 육아에 필요한 것은 최고의 답이 아니다. 지금 당장을 지나가게 해주는 최선의 답, 그것도 전문가의 답이 아니라 나의 답이다.

그렇다면 육아서를 읽기 전에, 육아 전문가를 찾아 나서기 전에 살펴야 할 마음은 어떤 것일까?

하나, 이론의 의미와 한계를 함께 살펴야 한다.

많은 엄마들이 육아서에 제시된 발달 단계 주기표를 보며 힘들어한다. 아이가 단계에 맞게 커야 한다고 생각하며 조바심과 혼란을 느끼는 것이다.

"왜 내 아이는 이론대로 발달하지 않는 걸까요? 뭔가 문제가 있을까요?"

아이들이 성장하고 발달하는 과정 중에 '정상 발달'이라는 것은 상징적으로만 존재한다. 아이의 발달은 표대로, 순서대로, 일률적으로 이루어지지 않는다. 아이의 모든 성장과 발달 과정에는 누락도, 건너뛰기도, 느리게 가기도, 다른 속도로 가기도 있다. 이 모든 것이 정상이다.

세상 어떤 아이도 이론대로 크지 않는다. 또, 아무리 이론에 해박한 전문가라고 해도 엄마 자리를 대신 살아주지 못한다. 우리 삶은 그렇게 단순하지 않고 육아에는 하나의 단면만 있지 않다. 언제나 풍부한 해석이 가능하고 다시 보면 새로운 면이 또 떠오른다. 따라서 육아서(육아 이론)를 접할 때면 그 의미는 물론 한계까지 함께 살펴야 한다.

둘, 좋은 이야기는 확실한 답이 아닌, 더 나은 질문으로 우리를 이끌어준다.

"왜 아이가 밥을 안 먹죠?"라는 질문에 대해, 아이에게 밥을 먹이는 기술적이고도 경험적인 방법을 알려주는 답이 필요할 때도 있다. 하지만 때로는 "아이가 밥을 안 먹는 것이 왜 그토록 나를 힘들게 하지요?"라는 질문으로 이끄는 이야기가 더 필요하다.

절실한 질문일수록 누군가의 명쾌한 답을 기대하기보다 스스로 흔들리며 답을 찾아가야 한다. 육아하는 엄마에게는 질문 뒤에 숨어 있는 화두를 살필 수 있게 마음의 공간을 열어주는 이야기가 필요하다.

확실한 답보다 더 나은 질문으로 이끄는 과정은 결국 우리의 육아 주체성을 세워주고 육아 효능감을 쌓아가게 한다. 아무리 좋은 육아 멘토라고 해도 "이럴 땐 어떻게 해야 하지요?"라는 질문에 일일이 답을 해줄 수 없고, 아무리 많은 조언을 얻는다고 해도 결국 내 아이는 내가 키우는 것이기 때문이다. 육아서를 읽으며 누군가의 정답을 찾기보다 나의 오답을 명확히 파악해낼 수 있다면, 육아서를 잘 활용하고 있다고 말할 수 있다.

셋, 우리에겐 더 많은 이야기가 필요하다.

아는 것을 현실에 적용하기 위해 노력하는 부모의 모습

은 아름답다. 그리고 그 쉽지 않은 일을 '그럼에도 불구하고' 계속 해나가는 부모들에게는 든든한 지지가 필요하다. 세상의 모든 육아 담론은 그들에게 때론 용기를 주고 때론 위로를 줄 것이다.

하나의 닫힌 이야기가 아닌 다양한 열린 이야기를 통해, '역시 난 안 돼'라는 자책보다 '조금 더 해보자'라는 응원을, '내가 이것을 못 했어(놓쳤어)'라는 후회보다 '내가 이것을 해왔어'라는 토닥임을 스스로에게 허용할 수 있을 것이다.

육아서가 전달하는 궁극의 메시지

하루 중 가장 많은 시간을 보내는 부엌 한편에는 규칙 없이 쌓아둔 책 더미가 있다. 육아하는 일상이 힘겹게 느껴질 때 하나씩 사서 모아둔 책들이다. 당연히 처음부터 끝까지 다 읽은 책은 거의 없다. 세 명의 어린 아이들이 노크 없이 나의 경계를 넘나드는 와중이었으므로, 어떤 책은 앞부분만 읽고 어떤 책은 중간만 읽기도 했다.

책을 주문하는 순간부터 다 읽지 못하리라는 것을 알았다. 읽는 것뿐 아니라 제대로 꽂아둘 공간도, 책을 분류할 시간도 충분치 않을 것이 분명했다. 하지만 알면서도 책을 열심히 사서 쌓아두었다. 그 책 더미에는 쉽지 않은 육아의 시간을 지나는 내 마음이 숨어 있었다.

나에게 육아서는 크게 두 가지로 나뉜다. 하나는 육아와 직접적으로 관련된 책이다. 육아 이론을 바탕으로 적절한 조언과 지침을 주는 육아서도 있고, 어떤 철학을 가지고 아이를 키워낸 경험을 담은 육아서도 있고, 아이들과 놀이하는 법, 교육하는 법을 알려주는 실용적인 육아서도 있다.

다른 하나는 육아와 관련이 없는 책이다. 서점에서는 육아서 서가에 꽂히지 않을 책들이지만, 육아를 하면서 힘든 마음을 토닥이기 위해 읽은 책이기에 나는 이 책들을 육아서라고 부른다. 결국 육아하며 읽은 모든 책들이 육아서였고, 나의 육아에 어떤 방식으로든 도움이 되었다.

그중에서도 내 마음에 가장 오랜 울림을 주는 책들이 있다. 그 책들은 결국 하나의 메시지로 통한다. 바로 아이들의 가능성과 잠재력에 대해 밝고 긍정적인 관점을 가질 수 있게 넓은 해석의 가능성을 열어주고, 모든 아이들이 본질적으로 가지고 있는 존재의 경이로움을 상기시켜주는 메시지이다.

경이로움. 이것은 육아를 하면서 항상 느끼고 싶고 수시로 표현하고 싶은 감정이자, 육아의 힘겨움에 휩쓸릴 때 가장 먼저 놓치고 마는 감정이기도 하다. 어떤 육아서를 읽든지, 나의 세 아이들에게 해주고 싶은 말은 단 한마디라는 것을 확인하며 책장을 덮는다. 바로, "와, 너 정말 멋지다You are so wonderful!"라는 말. 아름다운 장면 앞에서 절로 터져 나오는 감탄사처럼 아이들에게 진심으로 경이로움을 표현하고 싶다. 이 말은 한때 아이였던 우리 모두가 들어야 했던 말이고, 우리 삶의 진실이자 우리 육아의 전제이기도 하다.

그 본질의 마음으로 우리를 되돌려주는 육아서라면, 그것은 좋은 육아서라는 생각을 한다. 그래서 지금까지 육아서로 읽어온 세상의 모든 책들이 전달한 메시지를 한마디로 요약한다면, "우린 정말 멋져We are wonderful!"가 아닐까 하고 생각한다. 그리고 그것은 엄마 되기의 여정에서 가장 중요한 목표이자 실천이라는 생각도 한다.

5장

모두를 위한 아기 엄마의 일

'엄마의 길'만 걸어야 할까?

첫아이를 낳은 지 얼마 되지 않아 전부터 쓰고 있던 책을 마무리해야 했다. 아이에게 젖을 먹이다가 시간이 되어 시어머니가 오시면 100일도 안 된 아기를 맡기고 카페로 가서 글을 썼다. 그때 온몸으로 느낀 한기와 막막함은 오랫동안 잊히지 않았다.

'나는 무얼 위해서 글을 쓰고 있을까? 이 자리가 내 자리가 맞는 걸까?'

글을 쓰다가도 이따금씩 의혹이 피어났다. 그리고 그럴 때마다 일단 하던 일을 끝내고서 생각해보자며 의혹을 애써 덮곤 했다.

의혹을 누르고 누른 끝에 완성한 결과물을 마침내 두 손에 받아든 날, 눈덩이같이 커졌던 의혹은 어느새 점처럼 작아져 있었다. 그리고 일을 계속할지 말지에 대해 더는 고심할 필요가 없다고 느꼈다. 속도를 조정하고 방식을 고민하더라도 그전까지 해왔던 일을 계속하는 건 당연하다는 생각이 들었다.

............아기를 키우는 것도 내 일이고 글을 쓰는 것도 내 일이니까. 나라는 사람의 정체성에 아기 엄마라는 정체성이 추가된 것일 뿐이니까.

내가 아기 엄마이지, 아기 엄마가 나인 것은 아니니까.

책이 세상에 나온 뒤 책을 읽은 사람들의 길고 절절한 이야기를 듣게 되는 날이면 아이를 맡겨놓고 집 밖에 나와 글을 쓸 때 느꼈던 한기와 막막함을 다시 떠올려보곤 했다. 그러면 그런 막막함과 한기, 의혹을 마주할 또 다른 어느 날에 나 자신과 아이에게 어떤 말을 해주면 좋을지 알 수 있었다.

그때 쓴 책은 그해 말에 문화체육관광부 우수도서(현 세종도서)로 선정되었다. 아기에게 젖을 먹이다가 그 소식을 듣고는 웃으면서 울었다. 아기와 함께 기뻐할 수 있어서 더 좋았다. 엄마는 아기가 걸어갈 세상의 길을 동행해주는 사람인 것처럼, 아기도 엄마의 길을 같이 걸어가주는 작은 사람임을, 그렇게 알았다.

엄마의 일, 멈춰야 하는가

4년 터울로 둘째를 임신했다. 그땐 평일 저녁과 주말에 상담실을 운영하면서 첫째가 어린이집에 가 있는 동안에 틈틈이 책을 썼다. 둘째 임신 기간 동안에는 초기에는 하혈을 하고 후기에는 조산기가 있어서 내내 마음을 놓을 수가 없었다.

둘째를 낳던 날, 우여곡절 끝에 쓴 책이 나왔다는 소식을 들었다. 그리고 담당 에디터님이 혹시 강연회를 하실 수 있겠냐고 물어왔다. 당연히 안 될 줄 알고 확인 차 던진 질문이었다. 나도 처음에는 안 될 거라고 생각했다. 그런데 신생아실 앞에서 아직 눈도 뜨지 못한 둘째의 얼굴을 보고 있는데, 왠지 모르게 할 수 있겠다는 생각이 들었다.

아기가 잘 때 틈틈이 강의를 준비했다. 그리고 출산 후 처음으로 대중교통을 타고 삼청동 정독도서관으로 갔다. 가는 길이 까마득히 멀게 느껴졌다. 몸이 땅으로 꺼지는 것 같았고 어쩌면 강의를 못할 수도 있겠다는 생각까지 들었다. 길

옆에 조경으로 꾸며진 바위 위에 한참을 앉아 있었다. 어느 방향으로도 몸을 움직일 수가 없었다.

한참을 쉬다가 너무 힘들면 의자에 앉아서 강의를 하자고 마음먹고 다시 발걸음을 옮겼다. 강연장에 들어서서 공간을 가득 메운 사람들의 얼굴을 마주했다. 그리고 그 순간 신기하게도 흐릿한 몸과 마음이 선명하게 바뀌면서 무엇이든 할 수 있겠다는 생각이 들었다.

결국 무사히 강연을 마친 뒤 책에 사인까지 다하고 집에 가서 기절하듯 잠이 들었다. 그리고 새벽에 아기가 우는 소리에 잠이 깨 젖을 먹이며 어둠속에서 생각했다.

............내가 앞으로 계속 붙잡고 가야 할 건 완벽이 아니라 완결이 아닐까 하는 생각.

잘하는 것보다 중요한 건 계속하는 것이라는 생각.

'할 수 없을 것 같다'와 '정말로 할 수 없다' 사이에는 차이가 있다는 생각.

아이들을 키우면서 내 일도 할 때, 그 일의 의미는 나에게 더 크게 다가왔다. 책도 썼는데, 강연도 했는데 못할 게 무어냐는 생각도 했다. 그해가 끝날 즈음 그 책 역시 우수도서로 선정되었다는 소식을 들었다.

완벽이 아닌 완결로 가는 길

나는 지금 영국에서 세 아이를 키우며 이 글을 쓰고 있다. 이제는 글을 쓰기가 더 힘들어졌지만 여전히 글을 쓴다. 세 아이의 엄마가 되면서 나의 글쓰기는 여러 면에서 달라졌다.

첫 번째는 공간. 세 명의 아이들을 차례로 키워내는 동안, 잠든 아기를 곁눈질하며, 유모차를 흔들며, 아기를 달래며 글을 썼다. 글을 쓸 수 있는 곳이면 어디에서든 쓴다. 노트와 포스트잇, 펜은 어디에나 놓여 있고 앉아서도 누워서도 글을 쓴다. 주방, 식탁, 서재, 아이방, 침실이 따로 없다. 아이들이 잠드는 그곳이 나에게는 글 쓰는 공간이 된다.

두 번째는 시간. 글을 쓸 수 있는 시간이 따로 없어도 글을 쓴다. 그래서 아이들에게 읽어주던 동화책 한 귀퉁이에, 짬짬이 읽어나가던 책의 여백에, 주방과 식탁 위에 둔 노트에 끼적여둔 메모들을 조각조각 기워서 하나의 글을 완성한다.

세 번째는 방식. 글을 쓰는 방식도 달라졌다. 아이를 낳기 전에는 언제나 노트에 먼저 쓴 뒤 컴퓨터에 옮겨 쓰곤 했다. 아이를 낳고 나서는 컴퓨터에 바로 쓰게 되었고, 셋째를 낳은 다음에는 엄지손가락으로 글을 쓸 수 있다는 걸 알게 되었다. 변화이자 진화다. 기존의 틀을 깨야만 하고 싶은 것을 할 수 있기에 새로운 방법을 동원해보고 실험해보게 된다.

네 번째는 속도와 방향. 자주 브레이크를 밟는다. 대신 더 분명한 방향성을 잡고 간다. 수시로 엄마를 부르는 아이들 때문에 글쓰기가 어떤 궤도에 진입하고 이제 막 가속 페달을 밟으려는 순간 갑자기 브레이크를 밟아야 하는 일이 자주 생긴다. 속도는 느려졌지만 방향만큼은 더 분명해졌다.

다섯 번째는 목표. 쓰기 전부터 안다. 절대로 내가 쓰려고 했던 글을 쓰지 못할 것을. 하지만 알면서도 계속 쓴다. 완벽이 아닌 완결을 꿈꾼다.

어떤 방식으로든 글을 계속 쓴다는 것이 지금 나에게는 가장 중요하고 절실하다. 마치지 못한 문장들이 매일 수북이 쌓여가지만, 계속 쓰다 보면 더 나은 문장과 더 새로운 문장으로 돋아날 것을 믿는다.

오늘도 쓰기를 계속 한다

누군가는 아이가 있음에도 왜 그렇게 열심히 일을 하느냐고 묻는다. 나는 그 문장을 이렇게 고쳐 쓴다. 아이가 '있음에도'가 아니라 아이가 '있어서' 열심히 일한다고. 아기가 태어나서, 내 인생을 함께할 동행자가 생겨서, 내 일을 더 열심히 하고 싶다. 지금은 아이들과 함께 갈 길을 새로 닦느라고 속도를 줄이고 방향을 조정하고 있지만, 아이들을 만나기 전부터 내 삶의 많은 부분을 차지해온 나의 일을 꾸준히 계속 해나가고 싶다.

이제는 '엄마, 왜 일하는가?'라는 질문에 조금 더 두터워진 목소리로 답을 하게 된다.

............나를 살아 있게 하고 전율하게 하는 일이기에,
앞으로도 계속 하고 싶은 일이기에,
나를 이 세상과 끈끈하게 연결되게 하고 아이들과도 더 끈끈하게 연결되게 하기에,
엄마로 사는 시간도 소중하지만 나로 사는 시간도 절실하기에,
쓰려고 했던 글에 마침표를 찍고서야 내 육아의 새로운 출발선에 매일 설 수 있기에.

그래서 나는 오늘도 쓰기를 멈추지 않는다. 새우잠을 자며 고래의 꿈을 꾼다.

엄마의 자리는 어디인가

몇 년 전 개그프로그램에서 인기를 끌던 유행어가 있다.

"그럼 소는 누가 키우고?"

여당당 대표가 제한된 자유와 편견의 사슬을 벗어던지겠다는 과장된 선언을 하면 상대 남성이 이렇게 반문한다. 과장된 몸짓과 언어가 참 재미있어서 티비를 보며 내내 웃었다. 그러다 생각이 튀어 같은 구조의 말이 문득 떠올랐다.

"그럼 애는 누가 보고?"

오랫동안 엄마가 아닌 삶을 살다 이제 막 엄마가 된 여성들에게도 이런 반문이 제시된다는 생각이 들었다. 코미디에서 따온 말이지만 현실의 힘겨움과 고민이 넘쳐흘러 결코 웃음으로 향하지 못할 말이었다.

아직도 사회는 가정의 테두리 밖에 있는 여성의 자리, 아이 곁에 있지 않은 엄마의 자리를 이탈로 규정하고 어떠한 자리도 내어주지도 않는다. 이러한 사회 분위기 속, 애는 누가 보냐는 반문 앞에서 엄마들은 움츠러들고 흩어진다.

막연하고 모호한 욕망은 이기적인가

회사 동기와 결혼을 해서 아기를 낳은 한 여성이 있다. 결혼을 하면 단란한 가정을 꾸려갈 수 있을 거라 생각했지만, 아기가 태어나자마자 깨달았다. 그녀가 꿈꿔온 단란한 가정의 모습은 남편과 아내 둘 다 많은 것을 포기해야 가까스로 유지된다는 사실을.

아기를 안고 있다 보면 어느 순간 두려워졌다. 자기멸절의 공포를 느끼기도 했다. 다시 일을 하고 싶어서 가슴을 치며 이야기를 해도 남편은 그런 마음을 이해하지 못했다. 아직 어린 아기를 두고 꼭 나가야겠냐고, 벌어봤자 얼마 되지 않는데 일을 꼭 해야겠냐고 했다.

그녀는 절실했다. 지금이 아니면 안 될 것 같았다. 하루 24시간 육아와 가사에 매여 있는 현실을 견딜 수가 없었다.

하지만 자신의 그 절실함이 막연함과 모호함에 갇혀 있다는 것도 잘 알고 있었다.

엄마가 아이를 낳아 기르는 시점은 직업 초기 단계와 맞물린다. 직업적으로 전문가적인 성취를 드러내거나 확고한 자리를 잡기 전이고, 더 많은 훈련과 교육이 필요한 단계다. 구체적인 성취가 드러나지 않은 상황에서, 아이를 맡기고 일을 하고 싶다는 욕망을 품는 것 자체가 자신에게조차 하찮고 뜬구름 잡는 듯 느껴지기 쉬운 조건이다. 그럴 때 아기의 구체적인 욕구와 주변 사람들의 현실적인 강요는 엄마를 흔들리게 한다.

때로 육아는 세상 모든 사람들이 비판하고 평가하고 조언할 수 있는 영역인 것처럼 여겨진다. 언제 아기를 낳고, 언제 젖병을 떼고, 언제 어린이집을 보내고, 누가 아기를 볼 것인가에 대한 의견들이 수시로 엄마에게 제시된다. 그리고 결정적으로 아기 엄마가 아이를 키우는 자리에서 벗어나려고 할 때 사람들은 엄마에게 구체적인 설명과 해명을 요구한다.

엄마의 해명은 단순하고도 분명해야 한다. 확고한 전문직이라든가, 어떤 회사에 출근하게 되었다든가 등등. 하지만 그런 것이 없는 엄마들은 불확실하고 불분명한 말을 할 수밖에 없다. 그리고 이제 엄마는 주변인들로부터 이기적이라는 말을 듣게 된다.

이기적이라는 표식을 얻게 된 엄마는 결국 무릎이 꺾인다. 예쁘지만 예쁘기만 하지 않은 아이를 안고 온종일 아이 곁에 머물면서, 또다시 내면의 혼란과 싸우며 긴 육아의 하루를 산다.

어디에도 소속되지 않은 어정쩡함

또 다른 한 여성은 아기를 낳고 1년간 육아휴직을 한 뒤 회사로 복귀했다. 하지만 아이가 눈에 밟혀서 복귀한 지 반년 만에 일을 그만두었다. 육아와 일을 병행할 때는 일에서 보람과 성취감을 느끼기가 어려워 '고작 이런 걸 하자고 아이를 맡겨야 하나' 하는 회의감과 싸웠다. 그리고 다시 아이 곁으로 돌아온 지금, 새로운 회의감이 그녀를 힘들게 한다.

아이와 놀아주는 일은 회사일보다 어려웠다. 적성에 맞지 않던 직장생활도 힘들긴 했다. 하지만 일을 그만두고 보니 하루 24시간 아이와 함께한다고 해서 좋은 엄마인 것도 아닌 것 같았다. 마음속에 답답함만 쌓여갔다.

며칠 전 친구가 아이를 안고 있는 그녀의 모습을 찍어서 보여주었다. 그녀는 사진 속 자신의 모습이 낯설게 느껴지고 영 마음에 들지 않았다. 아이를 안고 있는 모습이 어정쩡해 보였고 짓고 있는 미소도 어정쩡하게 느껴졌다. 그녀는 자신의 모든 상태가 어정쩡하게 붕 뜬 것 같았다. 마음이 허해서 자꾸 뭔가를 먹게 되었고 쏟아지는 잠 때문에 매일 피곤하기도 했다.

그녀는 아이와 온전히 함께하는 것도 아니고 자신의 일을 가진 것도 아닌 '어정쩡한' 상태로 자신을 규정했다. 단지 아이를 낳아 기르기로 했다는 이유로, 그 어디에도 소속되지 않은 것 같은 어정쩡함이 그녀를 힘들게 했다. 그러면서도 그 마음을 어떻게 설명해야 할지 몰랐다.

엄마 자리에서 이탈한 것일까?

'안착'도 '이탈'도 할 수 없는 엄마들의 마음을 헤아리며, 그들의 세계에 존재하는 충만함과 허망함을 동시에 바라보게 되었다. 그리고 머릿속에서 여러 질문들이 꼬리에 꼬리를 물고 이어졌다.

모두가 아이에게 엄마가 필요하다고 말한다. 그런데 엄마에게 필요한 것은 무엇인가?

엄마와 아이가 함께하는 물리적인 시간을 진정으로 '함

께하는 시간'이라고 말할 수 있는가?

아이와 내내 같이 있었던, 우리 윗세대 엄마들의 모성은 찬란하기만 했는가? 엄마와 아이 모두를 행복하게만 했는가?

엄마에게 아이를 키우는 것 외에 다른 욕망의 영역은 없는가? 엄마가 되면 그전까지 교육과 경험을 통해 체득한 온갖 직업적 포부와 삶의 가치가 '아이 키우기'라는 하나의 프로젝트 아래 간단하게 파쇄되거나 통합되는가?

사람들은 왜 엄마가 아이와 온전히 함께해주는 경험의 의미와 필요를 강조하면서, 이를 위해 엄마가 접어야 했던 것들의 의미와 필요에 대해서는 세밀히 보려 하지 않는가?

엄마가 아이와 보내는 시간이 적어졌다면 엄마 자리에서 이탈한 것인가? 엄마의 진로나 자기정체성, 자아실현의 측면에서 보자면, 육아야말로 이전 궤도에서의 이탈이라고 볼 수 있지 않은가?

엄마가 아이 주변을 도는 궤도가 아닌 다른 궤도를 돌기 위해서는 대단하고 확고한 변명이 반드시 필요한가?

다른 궤도를 도는 엄마들의 선택은, 사실상 다른 궤도'도' 도는 선택이 된다. 아기 주변을 도는 궤도를 '포기'하는 것이 아니라 다른 궤도도 '함께' 돌겠다는 것. 그런데 이렇게 여러 궤도를 모두 도는 것에 대한 고민은 왜 많은 경우 엄마가 혼자 젊어져야 하는가? 그리고 왜 사람들은 엄마가 아이를 안 본다고 생각하는가?

흩어진 자신을 만나는 시간

많은 질문을 뱉어내며 나는 그것들이 모두 소진을 향해 가는 것 같다고 생각했다. 꼭 아기 엄마가 아니라도, 누군가가 어떤 자리를 지켜나가는 와중에 마모되고 흩어지고 소진되는 느낌을 받는다면, 안착할 수도 이탈할 수도 없다면, 그것은 분명 문제가 있다. 스스로를 대면할 시간 없이 누군가의 무엇으로서 주어진 수행만을 계속 해나가는 것은 분명 위험하다. 그런데 일상에서 이루어지는 이러한 산란은 매일 조금씩 쌓이기에 위험 신호가 잘 켜지지 않은 채 지나가곤 한다.

그렇기 때문에 엄마들에게는 자기 자신을 만나는 시간이 필요하다. 꼭 일이 아니더라도, 꼭 확고하고 분명한 목적의식이나 계획이 아니더라도, 모든 엄마들에게는 아이들과 따로 떨어져서 자신을 만날 시간이 필요하다. 엄마의 자리도 아내의 자리도 아닌 곳에서 자신과 접속할 수 있는 시간, 흩어진 자신을 만나고 회복시키는 시간, 모호함과 막연함을 조금 더 구체화해보는 시간, 더 잘 만나기 위해 잠시 떨어져 있는 시간 말이다. 우리 모두에게 필요한 건 소진된 모성이 아니라 충만한 모성이기 때문이다.

가족 구성원 중 한 명이라도 행복하지 않다면, 그 가족은, 그 사회는, 그 나라는 한 사람도 진심으로 행복한 공동체가 아니게 된다. 아이를 키워나가는 일이 그토록 중요한 일이라면, 그 일은 단지 '한 사람의 화두'가 아니라 '모든 이의 화두'가 되어야 할 것이다. 그래서 아이와 함께 있지 않는 엄마들을 이기적이라 매도하고, 궤도 이탈이라 규정하며, "그럼 애는 누가 보고?"라는 비난 섞인 질문을 던지는 이가 있다면 나는 이렇게 답하려고 한다.

............안 키우겠다는 게 아니라 같이 키워나가자는 거라고.
아이를 키워나가며 아이와 함께 커나가겠다고.
엄마로만 살 수는 없고 엄마로만 살지는 않겠다고.

경력은
단절되지 않는다

상담 초기에 하는 심리검사 중에 문장완성검사라는 게 있다. 그리고 문장완성검사에는 이렇게 시작하는 문장이 있다.

'어리석게도 내가 두려워하는 것은.'

내담자들이 완성한 문장에서 나는 크게 두 가지 두려움을 본다. 하나는 관계, 다른 하나는 성취에 대한 두려움이다.

예전에 상담했던 한 여성분은 이 문장을 서술형이 아닌 하나의 단어로 완성시켰다.

'어리석게도 내가 두려워하는 것은 경단녀.'

그녀는 아이를 낳고 2년 동안 일을 쉬었다고 했다. 일을 계속 하고 싶었지만 회사 사정이 좋지 않았고 몸도 많이 상해서 어쩔 수 없이 일을 그만두었다고.

아이가 두 돌이 되어 어린이집을 보내게 되자, 그녀는 다시 일을 시작하고 싶었다. 서류 전형에 통과하여 전화 인터뷰를 앞두고 있었는데, 이런저런 생각에 마음이 싱숭생숭해졌다.

"분명 묻겠죠? 2년 동안 뭘 했느냐고요. 그 질문에 어떻게 답해야 할지 모르겠어요."

그녀에게 그 2년은 어떤 의미였는지 궁금했다.

"2년 동안 뭘 했다고 생각하세요?"

"그동안 밥하고 빨래하고 아이 키웠지요. 그대로 답해야 할지, 다르게 포장해서 말해야 할지……. 마음이 복잡하네요. 인사 담당자에게 저는 그냥 경단녀겠죠? 한번 경단녀가 되면 벗어나기 쉽지 않다던데……."

그녀에겐 절실함도 있었고, 열정도, 능력도, 경력도 있었다. 게다가 지원한 회사는 하향 지원이었다(많은 여성들이 결혼, 출산, 육아로 인한 경력 공백기 이후 노동시장에 하향 재진입한다). 이미 스스로 감점을 준 셈이었다.

상담을 마치고 오래 생각에 잠겼다. 나 역시 계속 일하기 위해 애쓰는 엄마였기 때문이다. '경단녀'라는 단어가 걸렸다. 그리고 몇 가지 의문이 다시 한 번 용솟음쳤다.

경력이 계속되어야 하는 이유

사람들은 경력을 촘촘히 채워가는 것이 좋다고 생각한다. 졸업하면 바로 취직해야 하고, 취직하면 경력을 쉼 없이 쌓아가야 한다고 말이다. 이런 생각은 능력을 평가하는 기준이 되기도 한다. 이 기준은 지금껏 의심 없이, 순순히 받아들여졌다. 하지만 정말 그럴까?

빈틈없이 촘촘하게 하나의 길을 밟아왔다고 해서 능력이나 성실함이 보증되는 것일까? 줄곧 뛰다가 멈춰 서서 눈을 돌리면 안 보이던 것들이 보이기도 하는데, 계속 뛰기만 해야 하는 것일까? 왜 우리는 경력이 끊기면 안 된다고 말하고 경력 단절을 두려워하는 것일까?

경단녀라는 용어를 짚어보고 싶었다. 경력이란 끊어져서는 안 된다는 전제를 바탕으로 만들어진 이 용어가 문제를 더 심각하게 만드는지도 몰랐다. 해결을 가져오기는커녕 해결을 막는 것인지도 몰랐다.

일을 쉬거나 일의 강도를 줄이거나 일의 방향을 바꾸는 것을 경력이 단절되는 문제로 보는 것은, 쉼표 없이 하나의 길만을 걷기를 강요하는 사회의 단선적인 생각을 드러낸다. 일에서 잠시 떨어져 있는 시간은 경력의 방향을 잡아가는 시간, 일의 참된 가치를 절감하는 시간이 될 수 있다. 그 시간에 대해, 어쩌면 우리는 뺄셈이 아니라 덧셈을 해야 하는지도 모른다.

경단녀를 거부한다

경단녀라는 용어를 둘러싼 사회의 반응을 살펴볼수록 점점 그 용어 자체와 그 용어의 사용 방식에 이질감을 느끼게 된다. 그중에서 가장 이상하다고 느낀 부분은 바로 이것이다.

............왜 여성들은 경단녀라는 말을 좋아하지 않고 피하고 싶어 하면서도 이 말을 그대로 자기 것으로 받아들일까?

아무리 좋은 선물이라도 받고 싶지 않으면 받지 않기를 선택할 수 있는 것처럼, 석연치 않은 용어는 쓰지 않기를 선택할 수 있다. 하지만 우리는 받고 싶지 않은 것인데도, 그것을 받으면 마음에 생채기가 나는데도, 단지 우리에게 주어졌기 때문에 받아들고는 힘들어한다. 우리는 선인장을 끌어안듯 가슴 한구석이 아프게 찔리는 감각을 느끼며 경단녀라는 용어를 자신에게 가져다 쓴다.

우리에겐 나에게 맞지 않은 용어를 거부할 권리가 분명

히 있다. 그래서 나는 이 용어를 그냥 가져다 쓰지 않기로 한다. 방향이 틀어지거나 우회로를 거치는 것일 뿐, 모든 사람들은 매일 매일 어떤 방식으로든 경력을 쌓아간다. 그리고 우리는 이미 경력 단절의 전제가 뒤집힌 사회에 살고 있다.

엄마 경험이라는 경력의 추가

과거에 엄마 경험은 단 하나의 정해진 길이었고, 그래서 여성들에게 경력이나 진로가 될 수 없었다. 하지만 이제 엄마 경험은 몇 가지 선택지 중 하나가 되었고, 그러므로 하나의 경력이자 진로가 되었다.

우리의 질문은 이제 'When(언제 낳을 것인가?)'에서 'If(낳을 것인가?)'로 이동하고 있다. 엄마 경험에 대한 질문은 시작점부터 달라졌다. 선택할 수도 있고 선택하지 않을 수도 있다. 그리고 선택할 수 있다는 것은 엄마 경험에 대한 선택이 사실상 자신의 주된 경력과 진로가 됨을 의미한다.

엄마가 되었다고 해서 엄마라는 역할과 포부 아래 다른 진로와 경력의 가능성을 말소시켜야 하는 것도 아니고, 이미 있었던 경력과 가능성이 말소되는 것도 아니다. 엄마가 된다는 것은 그저 엄마 경험이라는 진로와 경력의 추가를 의미한다.

결국 엄마가 된다는 것은 진로의 이동, 혹은 새로운 경력의 추가일 뿐이다. 그러므로 경력 단절이라는 개념 자체가 지금의 현실에 맞지 않는다. 우리가 내내 이야기해온 엄마 경험에 대한 의미화 방식이 달라져야 할 시점에 다다른 것이다.

엄마로 살지만, 엄마로만 살지 않는 육아하는 날들에 대해 우리는 어떻게 이름을 붙이고 있을까? 세상에 존재하는 용어가 이미 너무 낡은 것처럼 느껴질 때, 나의 숨을 조여올 때 우리는 어떤 선택을 할 수 있을까? 우리는 우리 자신에게 유리한 선택, 즉 용어에 갇히지 않기를 선택할 수 있다.

지금 엄마들은 커다란 전환기에 서 있다. 훨씬 더 다양한 선택지가 주어진 것이다. 이제는 선택당하지 않고 선택할 수 있다. 이전 세대 엄마들이 지금 우리가 걷는 길을 내주었듯, 지금 우리가 고민하며 가는 모든 최초의 길이 다음 세대의 길을 밝혀주는 등불이 될 것이다. 우리는 모두 잘 가고 있다. 경력은 단절되지 않는다.

끝나지 않고
계속되는 이야기

앤서니 브라운Anthony Brown의 유명한 그림책 중에《우리 엄마》라는 책이 있다. '우리 엄마는 정말 멋져요'라는 문장으로 시작하는 이 책은, 천진난만한 아이의 목소리로 우리 엄마가 얼마나 멋진지, 얼마나 다재다능한지 설명한다. 한참 동안 신나게 이어지던 이야기는 마지막에 씁쓸한 문장으로 끝이 난다.

'하지만 우리 엄마가 되었지요.'

굉장한 요리사고 놀라운 재주꾼이고 훌륭한 화가이고 세상에서 가장 힘이 세서 무엇이든 될 수 있었을 것 같은 엄마는 '하지만' 결국 우리 엄마가 되었다.

아이들과 함께 웃으며 책을 읽다가 '하지만 우리 엄마가 되었지요'라는 문장에, 그중에서도 '하지만'이라는 반전의 접속사에 마음이 멈춰 섰다. 이 하나의 접속사에 얽힌 많은 마음들이 떠올랐다. 눈앞에 펼쳐진 모든 가능성을 뒤로 하고 나타난 '하지만'에 걸려 넘어진 마음들. 진로의 공백, 포부의 위축.

그림책을 함께 읽던 아이가 쌍둥이 책이라며 같은 작가의 다른 책을 가지고 왔다.《우리 아빠》라는 제목의 그림책이다. 이 책 역시 멋진 아빠를 그린다. 이 아빠는 못하는 것이 없는 엄청난 능력의 소유자이다.

하지만, 아빠의 능력에 대한 귀여운 과장과 허풍으로 가득 찬 이 포근하고 든든한 책에 '하지만'은 없다. 아이의 말대로 이 두 책은 쌍둥이 책이지만 큰 차이가 있다. 적어도 아빠의 사랑과 희생은 자기 자신을 지우는 지점으로까지 도달할 가능성이 아주 적거나 없다.

하지만(그림책에는 없지만 여기에도 '하지만'은 존재한다), 이 모든 과장과 허풍을 채우며 '대단하고 멋진 아빠'의 이상을 실현하기 위한 노력, 이상과 현실의 간극을 채우기 위한 노력 역시 존재한다. 우리는 그것도 희생이라고 부른다.

엄마의 이야기는 계속된다

일상적인 영역은 물론 사회적인 영역에서도, 아빠의 자리는 아이가 있고 없고에 큰 영향을 받지 않는다. 아이가 있어도 아빠의 사회적 자리는 건재하다. 하지만 아이가 있는 엄마는 사회적 자리가 없거나 위태롭다.

주양육자로 호명된 엄마는 엄마의 자리를 지키느라 많은 사회적 자리에서 비껴간다. 엄마가 되기 전 점유했던 사회적 자리는 서랍 속에 처박힌 계약서 또는 자신도 모르는 사이에 기한이 지나버린 기회 같은 것이 된다. 엄마에게 '하지만'은 아이를 낳고 접어둔 모든 기회비용에 대한 이야기이자, 닫아버린 문이자, 다음을 기약하는 인사이자, 가지 않은 길이 된다. 이렇게 우리의 현실은 그림책과 비슷하다.

하지만, 또 다르기도 하다. 엄마의 이야기는 그 후로도 계속될 것이기 때문이다. 엄마의 이야기는 '엄마가 되었어요'에서 끝나는 것이 아니라 바로 그 지점에서 시작된다. 그렇다면 엄마인 우리들은 그 이야기를 어떻게 쓰고 있을까? 그 이야기를 잘 써나가기 위해서는 무엇이 필요할까?

1. 하나의 문이 닫히면 새로운 문이 열린다.

아기 엄마가 된다는 것은 하나의 문을 닫고 다른 하나의 문을 여는 것을 의미한다. 다시 돌이킬 수 없는 큰 변화이고 이 모든 변화를 받아들이는 데에는 시간이 걸릴 수도 있다. 하지만 이미 하나의 문을 닫았다면 닫힌 쪽을 바라보며 아쉬워하기보다 기꺼이 다른 문을 열기로 해야 한다. 앞으로 열릴 가능성이 있는 다른 쪽 문으로 가는 것이 확실히 더 낫다.

아기의 손을 잡고 가는 그 길에는 많은 장애물과 가파른 협곡이 있겠지만, 우리는 그만큼 더 크고 넓은 가능성을 마주하게 될 것이다. 그 길 위에서 우리는 수많은 보물을 발견하게 될 것이며, 그 보물은 우리 삶을 더욱 풍성하게 해줄 것이다.

2. 능력은 사라지지 않는다.

편견에 기반을 둔 차별은 도처에 존재하고, 우리는 그것을 그대로 받아들이며 내재화시키기도 한다. 하지만 잘 생각해보면 두 가지 진실이 떠오른다. 하나, 아기 엄마가 되자마자 엄마로서의 능력을 발휘할 수는 없다. 둘, 같은 논리로, 아기 엄마가 되기 전에 가졌던 능력과 받았던 교육, 쌓아온 경험은 아기 엄마가 되었다고 해서 갑자기 사라지지 않는다. 사실, 엄마의 능력은 불어난다. 그전까지 쌓아온 능력과 경험에 더해, 돌봄에 필요한 능력까지 함께 기르게 될 것이다.

3. 엄마를 믿어주는 사람이 필요하다.

아기 엄마들에게 냉정한 현실을 각성시켜줄 사람은 필요하지 않다. 굳이 짚어주지 않아도 스스로 냉정하게 짚어보고 있으니까 말이다. 엄마들에게는 현실의 한계가 아닌, 현실의 가능성을 비춰주는 사람이 필요하다. 같은 현실이라도 다르게 볼 수 있는 관점이 전보다 더 많이 필요하다.

4. 해보기도 전에 주저하지 말자.

한계를 마주했을 때, 그것이 정말로 한계인지 제대로 탐구해보아야 한다. 많은 경우에 우리는 질문을 해보기도 전에 거절을 예상하고, 시도해보기도 전에 실패를 예상한다.

누구도 No를 하지 않았는데 내가 먼저 No를 하는 것이다. 만약 정말로 한계를 마주했다면, 분명한 No를 받아들였다면 그때는 그것을 끝이 아닌 시작점으로 여겨야 한다. 마침표가 찍힌 자리에서 새로운 문장이 시작되기 때문이다.

5. 나 자신과 만나야 한다.

'나는 지금 무엇을 하고 싶은가? 나에게 필요한 것이 무엇인가?' 정신없이 돌아가는 육아의 한복판에서 우리는 자주 멈춰 서서 스스로에게 물어야 한다. 아기 엄마로 있다 보면 마음속 이야기가 쉽게 흩어지기 때문이다. 우리는 결국 나를 사랑하는 만큼 타인을 사랑할 수 있고, 내가 나와 친해야 내가 사랑하는 사람들과도 친밀할 수 있다.

희미해진 자신의 길을 다시 선명하게 만들고 싶어 하는 엄마들을 만나면 노트와 펜을 선물하고 싶다는 생각을 한다. 자신의 이야기를 밖으로 꺼내 써보면서 잊고 있던 원래의 나를 만날 수 있게 말이다.

그렇게 쓰고 또 쓰고 말하고 또 말하며 나 자신을 만나다 보면, 언젠가는 '하지만 엄마가 되었어요' 대신 '엄마가 되었어요. 그리고'라고 쓰게 될 것이다. '아이가 있기에 할 수 없는 일'보다 '아이가 있기에 할 수 있는 일'이 더 자주 크게 눈에 보이게 될 것이다.

새로운 문이 열리는 이야기

엄마들의 이야기는 '엄마가 되었어요'에서 시작한다. 세상의 모든 '하지만'은 '그리고'로, 또 '그래서'로 전환된다. 아기를 낳았고 엄마가 되었고, 그 시간 속에서 발견한 자신의 잠재력을 계속 펼쳐나갔다는 이야기가 여기저기에서 넘쳐나길 바란다. 그래서 그 모든 이야기에 따로 어떤 해석이나 주석이 필요하지 않은 육아하는 사회가 되길, 엄마가 되고도 문이 계속 열리는 세상, 엄마가 되었기에 더 힘차게 문을 여는 세상이 되길 바란다. 그런 세상에서 내 딸은 이런 문장들을 읽으며 나를 올려다볼 것이다.

............그리고 우리 엄마가 되었죠.

그래서 저는 알아요.

원하면 무엇이든 할 수 있다는 것을.

하고자 노력하면 즐겁게 할 수 있다는 것을.

엄마에겐 엄마가 있다

'알파 걸'이라는 개념이 처음 소개될 때 많은 연구들이 강조했다. 지금 시대 딸들의 눈부신 성취는 롤 모델이 된 아빠의 격려 덕분이라고. 알파 걸은 '아빠의 딸'로, 사회적 진출에 대한 가장 강력한 영감을 아빠로부터 얻었다는 얘기였다. 나는 그 분석 앞에서 물음표를 여러 개 찍곤 했다. 정말로 그런지, 정말이라면 그 영향이 어느 정도인지, 언제나 의구심이 들었다.

지금 보니, 그 분석은 틀린 것 같다. 적어도 그 영향의 파급은 알파 '걸'까지만 머무르는 것 같다. 알파 걸이 결혼을 하고 육아를 경험하며 알파 우먼이 되고 알파 맘이 되는 순간, 그 알파성을 지원하는 아빠 효과는 줄어들거나 사라질 수밖에 없기 때문이다.

뛰어났던 10대의 알파 걸은 자라서 20대의 알파 우먼이 된다. 그리고 30대, 40대의 알파 맘이 된다. 알파 맘은 자신의 알파성을 유지하면서 육아와 진로라는 두 개의 전방을 지킨다. 육아에서 애착을 위한 골든타임에, 진로에서 경력을 위한 프라임타임에 서 있는 것이다.

두 개의 전방을 동시에 지키는 일은 묘기와 기적에 가깝다. 그래서 여성들은 어디에서 누구와 무엇을 하든 복잡한 마음을 안게 된다. 그리고 이 마음은 통계와 이력서에 수치로 반영된다. 진로의 정점인 이 시기에 고용율이 최저점을 찍는 M커브가 만들어진다.

그런 한편, 육아의 골든타임은 생각보다 오래 가지 않는다. 아이들에게 엄마의 손길이 항상 필요한 시기가 지나면 엄마들은 새롭게 노동 시장에 재진입하고 싶어 하지만, 진입장벽은 높아져 있다. 이들의 상황과 욕망과 결핍을 설명하기 위해 '경단녀'와 노동시장의 '하향재진입'이라는 용어가 거론된다.

단절 앞에서 엄마의 목소리가 들려왔다

M커브와 경단녀를 가까스로 비껴갔다고 해도, 일하며 아이를 키우는 엄마의 길은 여전히 좁고 가파르며 외롭고 괴롭다. 여성이 아이를 낳아 기르면서도 일을 계속 하기 위해서는 여러 조건들의 아귀가 맞아야 한다.

육아 참여에 대한 남편의 의지가 아무리 굳건해도, 남편은 물리적으로 회사에 붙들려 있을 때가 많고 보육체계에는 이런저런 허점이 많다. 아이는 존재 자체로 '변수'다. 아이는 상처 가능성에 취약하며, 당연히 엄마를 찾는다. 집도 그냥 굴러가지 않는다. 아무리 기준을 낮춘다고 해도 한 집안이 굴러가기 위해서는 돌봐야 할 것들이 정말 많다.

또, 사회는 '여성=모성'이라는 공식을 적용하여 고용시장에서 여성들을 집단 불구화시킨다. 여성들에게는 오히려 더 깐깐한 평가의 잣대가 적용되기도 한다. 더 높은 성취를 해내고 더 많은 시간을 투자할 의지를 내보여야만, 자리를 보전하거나 원하는 자리로 이동할 수 있다. 그래서 엄마들은 가정에서도, 직장에서도 최대치 이상을 발휘해야 한다는 압력에 포위된다.

그 한복판에서 아이를 기르는 것은 매일 묘기를 부리는 일과 같다. 하나의 몸으로 여러 자리에 동시에 존재해야 하는 일이기 때문이다. 그래서 여성들은 아이를 낳고 일을 하면서도, 일을 그만두면서도, 일을 그만두었다가 다시하면서도, 일을 줄이면서도, 일을 늘리면서도, 고민하고 고뇌할 수밖에 없다.

이런 상황에 놓인 딸들에게 필요한 것은 무엇일까? 그 필요를 누구에게서 얻을 수 있을까? 물론 아빠들에게는 딸들에게 이야기해줄 사회생활의 경험이 풍부하다. 하지만 아이의 주양육자로 지정되어 육아와 직업의 전방을 동시에 지켜낸 경험과 지식이 아빠들에게는 전무하다.

딸들은 오빠처럼, 남동생처럼, 남자 친구처럼 교육을 받고, 연수를 떠나고, 취업을 준비하고 착실하게 연차를 쌓았어도, 그들처럼 일직선으로 뻗어가는 진로 그래프를 그려갈 수는 없었다. 그런 것들과 모성 수행이 함께 뻗어나가기가 어려웠기 때문이다. 이러한 모순과 간극으로 인해 진로와 경력이 '단절'이라는 이름의 막다른 골목에 다다르기가 쉬웠다.

딸들이 계속 일을 해나가기 위해서는 다른 영감과 다른 조언, 그리고 무엇보다 더 확실한 지지체계가 필요했다. 그때 엄마의 목소리가 들려왔다.

지지해주는 엄마가 있어서

외롭고 막막하고 몸과 마음이 시려 모든 것을 그만두고 싶을 때면 친정 엄마의 말씀이 생각난다. 엄마는 늘 말씀하셨다.

"아이들 키울 때는, 특히 어릴 때는, 돈을 버는 것보다 쓰는 한이 있어도, 일을 놓지 마라. 애들은 금방 커. 아무리 길게 잡아도 10년이야."

육아의 한복판에서 정신이 없을 때, 나에게 10년 이후의 삶이 있고, 10년 전의 삶 역시 있었음을 엄마는 자주 말씀하셨다. 아이들 덕분에 행복해해도, 아이들 때문에 속상해해도, 엄마는 같은 말씀을 반복하셨다.

"아이들은 금방 큰다. 아무리 길어야 10년이다."

나의 출산 계획에 가장 큰 관심을 가지고 계신 분도 엄마였다. 대를 잇게 하겠다는 전통적인 이유가 아니라, 일을 이어가게 하겠다는 현대적인 이유 때문이었다.

"정 안 되면, 내가 있어. 급할 때는 내가 애 봐줄게. 너는 너 할 거 해."

돌아보면, 아이를 낳고 마음의 단절부터 상상하며 두려움을 느끼던 나에게 가장 큰 영감과 도움을 준 것도 결국 엄마의 목소리와 기도였다.

결혼도 하고 아이도 낳고 너 하고 싶은 것도 하라고. 너의 세상을 열어가라고. 나는 만나지 못했던 세상이지만, 너에게는 더 좋은 세상이 열리기를 기도한다고. 여전히 좋은 세상은 아니지만, 그래서 눈물겹고 가파르고 내내 오르막길만 있는 것 같겠지만, 그런 세계의 불완전함은 엄마인 내가, 언제나 그래왔듯이 내가 채우고 버텨줄 테니, 너는 너의 길을 가라고. 그렇게 딸들의 장애물을 치워주는 것이 엄마의 엄마들이었다.

아들 못지않게 교육시킨 똑똑한 딸들이, 결혼과 육아, 가사, 시집살이에 매여서 자기 목소리를 잃고 자기 진로를 놓을까 봐, 육아하는 삶을 마감한 지 오랜 시간이 흘렀음에도 황혼 육아로 불려 나오신 것이다.

결국 내가 아이들을 키워나가며 계속 일을 할 수 있었던 것은, 남편의 육아 파트너십도, 정부의 보육정책도, 일을 계속 해나가고 싶다는 나의 의지 때문도 아니었다. 그 모든 장치들에는 틈이 있었기에 그 틈을 메워주는 누군가가 반드시 필요했다. '정 안 되면' 등판할 수 있다고 자처하는 엄마(그러니까 아이들의 할머니)가 바로 그 역할을 감당했다. 할머니의 희생과 의지, 끊임없는 조율이 불가능에 가까운 그림을 겨우 가능한 그림으로 바꾸어놓은 것이다.

결국 딸의 사회적 진출을 결정적으로 끝까지 지원하는

사람은 엄마의 엄마이다. 엄마가 될 수도, 엄마가 되지 않을 수도 없어서 고민하는 엄마에게 그 고민의 무게를 가장 크게 나누어 가져가는 사람도 엄마이다. 그리고 그것은 실제적이기보다는 상징적인 것이다. 실제로 아이를 대신 봐주느냐 아니냐보다, 아이를 낳고도 너의 일을 계속 해도 괜찮다고 격려해주고 지지해주는 마음이 더 중요하다.

"괜찮아. 길어야 10년이야. 넌 할 수 있어."

새로운 육아의 역사

아이들을 할머니에게 맡기고 일을 하러 갈 때면 자주 뒤를 돌아보게 되었다. 아이의 얼굴과 엄마들의 얼굴 속에서, 내 과거의 얼굴도 보고 미래의 얼굴도 보며, 그럼에도 일단은 걸어나가야 할 오늘의 길을 내다보며 엉킨 마음을 삼키곤 했다.

"엄마, 미안해. 엄마, 고마워."

"할머니 말씀 잘 듣고 있어라."

이 정도로밖에 말할 수 없는 것. 그 속에 담긴 마음이 너무 많아 다 말할 수도 없는 것.

알파 걸들이 알파 우먼으로, 알파 맘으로, 알파 무엇으로 자신이 보유하고 닦아왔고 쌓아오던 그 알파를 유지하기 위해서는 반드시 알파 그 이상의 것이 필요하다. 여러 위기를 거치면서도 딸들의 알파가 여러 고민과 질문 속에서 산란되지 않고 분리불안과 조바심을 숨겨둔 백조의 모습으로 유영할 수 있는 것은, 육아의 틈을 엄마의 엄마가 메워주기 때문이다.

알파 걸들에게 '너도 할 수 있어'라는 영감을 주기 시작한 사람은 아빠였을지 몰라도, 그 딸들이 자라 알파 우먼이 될 수 있게 가장 강력한 롤 모델이 되어주고 하던 일을 완수할 수 있게 추동력이 되어주는 사람은 분명 엄마다.

나도 결국 딸에게 그 말을 하게 될 날이 올지도 모른다는 생각도 한다. 아무리 사회가 더 나은 방향으로 바뀐다고 해도, 육아에는 틈이 생길 수밖에 없으니. '나 할 거'를 찾고자 하는 엄마에게 그 틈은 더 클 수밖에 없으니. 육아은퇴자가 된 지 오랜 시간이 지난 후에도, 언제라도 현장 지원할 준비가 되어 있는 마음으로 나도 딸에게 이 말을 하게 될 것 같다.

"너에게는 아이 이전의 삶이 있고 아이 이후의 삶, 아이 이외의 삶도 있다. 아이는 금방 큰다. 길어봐야 10년이다. 여차하면 내가 도와줄게. 너는 너 할 거 해."

그래서 일하며 아이를 키우며 힘들어 질 때마다, 모성이라는 단어 앞에서 뜨거워지는 마음을 마주할 때마다, 내 일을 고민할 수 있는 기회를 준 나의 엄마들, 세상의 모든 엄마들의 얼굴을 떠올려보게 된다. 가장 전통적인 모성으로 가장 현대적인 모성을 지원하는 사람, 가장 오래된 펜으로 새로운 육아의 역사를 쓰게 해준 사람들의 얼굴을.

모두를 위한
아기 엄마의 일

낸시는 회계사다. 지적이고 아름답고 온화한 그녀는 지금까지 영국에서 만난 모든 친구 중 가장 멋진 친구다. 우리는 주말이 되면 놀이터에서 만나 아이들이 노는 모습을 보며 이런저런 이야기를 나누었다. 한번은 낸시에게 아이를 키우면서 어떻게 일을 계속 할 수 있었는지 물었다. 그녀는 '운'이라는 말과 '감사'라는 말을 자주 사용하며 대답했다.

낸시는 믿을 수 있는 아이돌보미에게 안정적으로 아이를 맡길 수 있어서 '운이 좋았다'고 했다. 아이가 학교에 다니기 시작한 뒤에도 줄곧 한 명의 돌보미가 아이를 봐주었다며, 정말 '운이 좋았다'고 다시 한 번 말했다. 아이를 안정적으로 맡길 수 있는 누군가를 만나는 일은 모든 워킹맘들이 누릴 수 있는 행운이 아니기 때문에 그녀는 정말로 '감사'하게 생각한다고 했다.

그 덕에 아이가 별 탈 없이 밝고 건강하게 자라주었고 자신 또한 일하는 데 별 문제가 없었다고 한다. 하지만 그럼에도 최근에 덜 경쟁적인 분위기의 NGO 단체로 일터를 옮겼다면서 이렇게 말했다.

"아이를 키우고 가정을 돌보면서 내 일을 해나가기 더 나을 것 같아서."

낸시의 이야기를 들으며 엄마들이 일을 하면서 아이를 키워나가는 것이 얼마나 쉽지 않은 일인지 새삼 느끼게 되었다. 일주일에 한 번은 집에서 일을 하고, 아이가 아프거나 사정이 생길 때면 곧바로 휴가를 낼 수 있고, 하나의 역할을 여러 사람이 함께 감당하기 때문에 탄력 근무가 가능한 이 나라에서도, 또 낸시처럼 훌륭한 자질을 갖춘 전문 인력조차도, '운과 감사'라는 요소로 일과 가정의 공존 가능성을 설명하고 있었으니까 말이다.

육아와 가사분담

또 다른 친구인 에이미는 5년의 공백을 깨고 파트타임 일을 시작하려고 했다. 결혼 전에도 일을 했고 결혼 후에도 일을 했지만, 아이를 낳고 나서는 아이 키우는 데 전념했었다.

그동안 틈틈이 다시 일할 기회를 엿보아왔지만 번번이 좌절됐다. 하지만 이제는 아이들이 학교와 어린이집에 다니기 시작하여 뭔가를 해볼 수 있는 여유가 비로소 생겼다. 물론 '하향 재진입'이다. 아이가 학교에 있는 동안에만 일을 하는 파트타임 업무이고, 이전 경력과 크게 상관없는 일이기도 하다. 그래도 에이미는 다시 일을 할 수 있다는 것이 기뻤다. 둘째가 학교에 들어간 다음에는 풀타임으로 일할 계획도 세웠다.

남편과는 이러한 계획에 대해 계속 이야기를 나누어왔다(적어도 그녀는 그렇게 생각했다). 그런데 "다음 주부터 파트타임으로 일하기로 했어"라는 말을 듣자, 남편은 이렇게 말했다고 한다.

"축하해. 그런데 앞으로 당신은 이 모든 걸 어떻게 다 하려고 그래?"

남편의 말에 악의가 없고 오히려 그녀를 생각해서 한 말인 줄 모르지 않았다. 하지만 그 말을 듣는 순간 에이미의 마음에 어떤 분노의 회오리가 휘감겨왔다. 에이미는 그동안 날개를 폈다 접었다 반복하며 느낀 불안과 허탈감을 모두 담아 남편에게 말했다. 그것은 선언에 가까운 말이었다.

"그게 아니지. 내가 하는 게 아니라 우리가 같이 해야지. 당신, 나, 그리고 아이들 모두!"

나는 그 이야기를 듣고 박수를 쳤다. 그녀의 말은 '내 일을 하면서 가정도 잘 꾸려나가고 싶어 하는 모성'에 대한 가장 깔끔한 정리였다. 아기 엄마의 일은 엄마만의 고민이 아니다. 가족 모두가, 그리고 사회 전체가 함께 빚어가며 미세 조정해나가야 하는 것이다.

아이들에게 엄마가 필요하다는 미명하에 엄마에게 모든 육아의 짐을 지우지 않는 것. 육아의 짐을 엄마만의 짐으로 몰아붙이지 않는 것. 함께 의논하고 조정해나가면서 짐을 나누어 지는 것. 최적의 육아 구조를 찾아나가는 과정에서 꼭 필요한 일이다. 그것은 '내'가 아닌 '우리'가 해야 하는 일이다.

유리천장에 닿기도 전에

이미 유리천장이 깨진 지 오래라고 해도, 엄마를 가사 노동과 돌봄 노동의 주양육자이자 주된 수행자로 설정한 우리의 마음속 좌표를 움직이지 않는 한, 엄마는 아이를 키우면서 자기 일을 할 수 없다. 한다고 해도 엄청난 분열감과 압박을 느끼며, 또 많은 것을 '홀로' 짊어지며 버텨나가야 한다.

지금의 엄마들은 크면서 남자 못지않게 교육을 받은 거의 첫 세대이고 남자 기죽인다는 알파 걸에 대한 각종 이론과 분석의 대상이 되기도 했다. 그러면서도 여전히 여자니까 한계가 있을 수밖에 없다는 유리천장을 의식하며 자라기도 했다. 하지만 사실상 유리천장은 어느 정도 위치에 다다랐을 때 부딪히게 되는 것이 아니라 첫 출발에서부터 실감하게 되는 유리문이었다. M커브의 가파른 협곡은 이미 시작점에서 나타난다.

여성이 결혼, 임신, 출산, 육아를 감당하는 시기는 직업적 전문성을 쌓아가는 진로의 가장 중요한 시기와 맞물린다. 여성은 하나의 길을 포기하거나 두 개의 길을 동시에 가야 한다. 이것은 사회구조의 문제 때문이기도 하지만, 엄마라는 존재가 생물학적으로 아이를 낳아 기르는 존재이고 아이가 애착하기 쉬운 대상일 수밖에 없는 자연의 조건을 갖추었기 때문이기도 하다.

육아하는 삶의 민낯이 드러날 때

두 달 만에 놀이터에서 낸시를 다시 만났다. 전에 낸시는 일과 가정의 공존 가능성을 고민하며 직업적 야심의 고삐를 늦췄었다. 그런데 지금은 그때보다 더 큰 변수가 그녀의 일상을 흔들고 있었다. 그녀는 이혼을 준비하고 있다고 했다. 두 달 전에는 생각지도 못했던 관계의 변화였다.

새로운 삶의 국면을 마주하게 된 그녀를 안아주고 돌아오며 그저 운과 감사만으로 다 충당할 수 없는 일하는 엄마의 삶을 다시 생각해보게 되었다. 일하는 엄마에게는 더 확실한 안전망이 필요하다. 아무리 강고한 틀이라도 어느 순간에는 움직일 수 있었다. 그 속에서 아이들을 데리고 자기 일을 해나간다는 것은 어떤 엄마에게도 쉽지 않다. 또 쉽지 않기에, 일은 더 중요한 의미를 갖는지도 몰랐다. 낸시에게 일이 있어 다행이었다.

레슬리 베네츠Leslie Bennetts는 《여자에게 일이란 무엇인가Feminine mistake》라는 책에서 여성이 아이를 낳고도 일을 해야 하는 이유를 설파하며 아이를 낳고 일을 그만두는 것은 큰 실수라고 말한다. 그녀는 배우자와의 이혼, 사별, 삶의 여러 불행 사유를 들어 여성이 자기 일을 계속하면서 삶의 주도권과 선택권을 가지는 것이 중요하다고 말하는데, 사실 처음에는 그녀의 이야기가 별로 와닿지 않았다. 극단의 예를 들며 일을 해야 한다고 강조하는 것이 마치 삶의 온갖 불행 가능성을 강조하며 보험을 들어야 한다고 말하는 보험설계

자의 화법처럼 느껴졌기 때문이었다. 하지만 낸시의 이야기를 듣고 나자 그 주장이 전보다 훨씬 현실적으로 다가왔다.

우리 삶의 민낯은 우리가 기대고 있던 많은 장치들이 사라진 상태에서만 제대로 보이기 시작한다. 모든 것들이 사라지고 나만 홀로 남았을 때 나를 지탱해주는 것은 무엇일까? 홀로 설 수 있을 때에야 비로소 둘이 되기를 결심할 수 있는 것처럼, 둘이서도 충분해야 셋을 계획할 수 있는 것처럼, 모든 것을 치우고 단독으로 꼿꼿할 수 있어야 함께 만들어가는 구조에 나를 더 잘 던질 수 있다. '나 홀로'에 대한 확고한 답이 있을 때에야 관계 속에서도 당당할 수 있는 것이다.

한국의 많은 엄마들은 안간힘을 쓰며 아슬아슬한 워킹맘의 길을 걷거나, '아이가 조금만 크면'이라는 희망을 붙잡고 현재를 버티거나, 노동시장에 하향 재진입할 수밖에 없는 현실을 마주한다. 거꾸로 U커브를 그린다는 소위 선진국형 나라의 엄마들 역시 사실상 크게 다르지 않은 삶을 산다. M커브든 거꾸로 U커브든, 쉬운 커브는 없다.

어쩌면 모든 엄마들이 M커브를 거꾸로 U커브로 만들기 위해 역도 선수처럼 숨을 참고 버텨내고 있는지도 모르겠다. 모두 다 중요해서 우선순위를 매길 수 없는 것들 사이에서 순간순간 선택을 해야 하는 줄타기가 계속된다.

우리는 그렇게 연결된다

일하면서 아이를 키우는 엄마는 예전부터 있었다. 하지만 그들에게는 선택의 여지가 없거나 연대의 가능성이 없었고, 사회적·역사적 전환으로서의 의미를 갖기도 어려웠다. 하지만 지금의 일하는 엄마들은 모든 것의 전환점에 서 있다.

페이스북 COO인 셰릴 샌드버그Sheryl Sandberg는 자신의 책 《린인Lean in》에서 여성이 일을 한다는 것은 다른 여성을 위한 장벽을 치워주는 의미를 갖는다고 말한다. 여성이든 남성이든 모든 진로의 영역에 해당하는 말이겠지만, 여성이 일을 계속 해나가려면 더 많은 고민과 변수를 넘어서야 하기에, 한 여성의 진보는 다른 여성들을 위한 새롭고 더 나은 출발선이 된다. 그렇게 한 사람이 홀로 고민하며 밀고 나간 길은 결국 여러 사람이 함께 걷는 길이 되고 좌표가 되고 디딤돌이 된다. 우리는 모두 고민과 꿈으로 끈끈하게 연결된다.

6장

온 세상이 거대한 육아 공동체

엄마라도
아플 수 있어야 한다

며칠 전부터 몸이 좋지 않았는데 오늘이 최악이다. 치통과 감기 기운, 소화불량이 동시에 왔다. 욕실에 아이 셋을 들여보내고 남편에게 문자를 보냈다.

"아픈데 빨리 올 수 있나요?"

남편은 미안해하고 난처해한다.

"어쩌죠. 오늘 새로 온 본부장님 환영 회식이 있어요."

"어쩔 수 없죠. 빨리 재워볼게요."

남편은 회사에 매인 몸, 나는 아이들에 매인 몸. 둘이서 아이 셋을 키워나가면서, 우리는 서로의 '어쩔 수 없음'을 매일 문자로 마주한다. 가부장제를 함께 비껴갈 수 있는 좋은 사람을 만나 결혼하면 어려움이 덜할 줄 알았는데, 그보다 더 무서운 자본주의라는 복병이 있었음을 아이를 키우면서야 뒤늦게 알게 된다.

타지에서 생활하느라, 아빠를 제하고, 할머니 할아버지를 제하고, 어린이집을 제하고 보니 결국 혼자서 육아를 할 수밖에 없는 시간이 계속된다. 평소에는 어찌어찌 잘 지나가지만 오늘처럼 몸이 아플 때는 어떻게 해야 할지 모르겠다. 엄마는 아플 수도 없는 존재임을, 또 아이는 엄마의 사정이 어떻든 24시간 내내 엄마를 부르고 원하는 존재임을 다시금 깨닫는다.

기운이 없어 기어 다니는 엄마를 보고는 눈빛을 반짝이며 "와, 사자다!" 하고 냉큼 올라타는 철없는 아이 셋. 아이들을 주렁주렁 달고 하루를 가늠해본다. 과연 이 몸으로 하루를 버틸 수 있을까. 몸의 회복은 둘째 치고 아이 셋의 하루가 까마득하고도 무겁게 느껴져 다리가 후들거린다.

도움을 구하는 능력

근처에 사는 영국인 언니에게 도와달라고 문자를 할까 말까 한참을 고민한다. 가족도 친구도 없는 영국에서 내가

SOS를 칠 수 있는 유일한 동네 언니다. 언니는 내가 도움을 요청할 때마다 언제든지 찾아와서 내 육아의 틈을 메워주었다. 장을 봐주기도 하고 아이들을 학교에 데려다주기도 하고 피크닉 가방을 챙겨서 소풍을 데리고 가기도 했다. 언니는 언제나 한결같았다.

아무리 늘 환영해주는 언니지만 그래도 문자를 보내기가 망설여진다. 요즘 언니의 엄마가 많이 편찮으시기도 하고 도움을 청하는 횟수가 늘어나 부담스러워할까 봐 걱정이 된다. 웬만하면 부탁을 하고 싶지 않다. 하지만 이 몸을 하고 오늘 하루를 혼자서 버텨내는 건 무리임을 겸허히 받아들이기로 한다. 마음의 갈등을 잠재우며 언니에게 연락을 한다.

"언니. 내가 몸이 아파서 아이를 학교에 데려다주기가 벅차. 도와주세요."

문자를 보내면서, '도움을 구하는 능력'을 사용했다는 생각을 했다. 도움을 구하는 능력이라는 표현은, 가정폭력 피해에 관한 연구를 할 때 인터뷰했던 어떤 분께 배웠다. 폭력과 상처의 잿더미에서 스스로 일어나 자기 삶을 일군 그분은 이렇게 말씀하셨다.

"저는 도움을 구하는 것도 능력이라고 생각해요. 제가 살아야 하니까, 절실하니까, 다 내려놓고 도움을 구했어요. 이렇게 도와주면 된다고 부탁도 자주 했어요. 대부분 도와주었고 도와주지 못하는 사람들도 마음만은 모두 도와주고 싶어 했어요. 그 마음을 아는 것만으로 충분할 때도 있었어요.

내가 정말 힘들어지면 도움을 청할 수 있고 그러면 세상이 나를 도와준다는 것을 알고부터는 사는 게 두렵지 않게 됐어요. 어쨌든 제일 중요한 건, 제가 도움을 청했다는 사실이라고 생각해요."

전에는 도움을 주는 것만 능력이라고 생각했고, 그 능력을 갖추기 위해 노력했고, 그 능력이 부족할까 봐 조바심을 내기도 했다. 하지만 그녀의 말이 내 마음을 다른 방식으로 붙잡아주었다. 도움을 구하는 것도 능력이다.

육아를 하며 이 능력을 더 잘 키우게 되었다. 부담을 줄까 봐, 거절당할까 봐, 자존심을 지키느라 부탁하지 않고 살았던 꿋꿋한 삶에서 벗어나 갈지자 삶을 살게 된다.

아이를 키우다 보니 생각할 겨를 없이, 그저 내 코가 석자라서, 낯선 사람에게까지 이런저런 부탁을 하기도 한다. 꿋꿋했던 나는 조금 더 유연하고 말랑말랑해졌을 뿐 아니라 뻔뻔해지기까지 했다. 육아는 이렇게 혼자서 다 해낼 수는 없음을, 내 능력에 한계가 있음을 겸허하게 깨달아가는 과정이기도 하다.

엄마를 위한 비상연락망

언니를 기다리며 여러 마음이 교차한다. 미안함과 고마움, 다행스러움……. 대책 없음, 막막함……. 마음의 어지러움과 몸의 피로를 느끼며 서 있는데, 저 멀리서 허둥지둥 뛰어오는 언니의 모습이 보인다. 추운 겨울에 머리도 못 말리고 나온 언니의 등 뒤에서 후광이 비치는 듯하다.

언니는 괜찮으냐고 말하며 나를 안아주었고, 나는 어떤 안도감에 괜히 울컥하며 품에 안겼다. 조금 더 멀리 있는 학교에 다니는 첫째의 등교만 부탁한다고 했더니 언니가 말한다.

"내가 둘째도 등원시킬게. 아플 땐 추운 데 있지 말고 따뜻한 데 있어."

"그러면 학교에 늦을지도 몰라요."

언니가 다시 한 번 내 손을 잡고 단호하고도 다정하게 말한다.

"엄마가 아프잖아. 이해하겠지. 이해해줘야지."

그 단호한 다정함에 나도 순순히 언니 말을 따른다. 정말, 엄마가 아픈데 아이가 지각하는 게 뭐 그리 큰일이겠는가. "이해하겠지. 이해해줘야지"를 되뇌며 셋째와 함께 집으로 돌아간다. 그리고 언니가 시킨 대로 따뜻한 곳에서 몸을 돌보기로 한다. 옆에 셋째가 있지만, 그래도 나부터 돌보기로 한다. 도움을 구하길 잘했다는 생각을 한다.

모든 엄마에게는 이런 비상연락망이 필요하다. 아무리 강한 엄마라고 해도 아이를 혼자 키울 수는 없으니까, 아기를 키워나가는 일에는 몸과 마음의 비상상황, 위급상황이 수시로 발생하니까 말이다. 때가 되면 도움 구함의 버튼을 누를 줄 아는 '능력'과, 도움을 청했더니 도움을 받을 수 있었다는 신뢰와 경험이 내면에 쌓여야 한다.

엄마라도 아플 수 있어야 한다. 그리고 엄마가 아프면, 이해하고 이해해줘야 한다. 또, 엄마가 아프면, 다른 데 힘쓰지 않고 나아지는 데에만 힘 쓸 수 있게 모두의 힘을 몰아주어야 한다.

온 세상이
거대한 육아 공동체

둘째와 셋째가 태어나기 전, 첫째와 동네에 있는 카페에 간 적이 있다. 커피와 주스를 시켜서 쟁반에 받아놓고 한쪽 구석에 자리를 잡았다. 아이는 케이크도 먹고 싶다고 졸랐다. 꼼짝 말고 기다리라고 말한 뒤 카운터에 가서 케이크를 주문하고 돌아섰는데, 테이블 주변으로 커피가 흥건하게 쏟아져 있었다.

아이는 내 눈을 보지 못하고 살짝 고개를 숙이고 있었다. 잠깐 사이를 못 참고 커피를 쏟아버린 아이에게 순간 감정이 올라와 한마디 하려는데, 바로 옆 테이블에 앉아 있던 여자분이 아이를 향해 말씀하셨다.

"꼬마야, 아줌마가 봤어. 엄마를 돕고 싶었던 거지? 내 주스는 내 앞에 두고, 엄마 커피는 엄마 앉을 곳에 놔드리려고 말이야. 예쁜 마음으로 옮기다가 실수를 했구나. 괜찮아. 누구나 실수할 수 있어. 근데 커피가 많이 뜨거웠지? 손은 괜찮니?"

아이는 그제야 고개를 들고 그분을 보며 끄덕끄덕했다. 그 순간 아이가 장난치려고 한 것이라고만 해석한 내가 부끄러워지는 한편, 감사와 안도의 마음이 밀려왔다. 그분은 아이를 보며 씽긋 웃어주시더니 할 일을 다 했다는 듯, 다시 하던 일을 계속 하셨다.

뜨거운 커피에 아이가 다칠까 봐 시간과 마음을 내서 아이를 지켜봐주셔서 참 감사했다. 그런데 금세 일에 집중을 하고 계셔서 감사하다고 말할 겨를도 없었다. 대신 놓친 바통을 다시 돌려받은 듯, 그분의 말을 그대로 반복하며 아이 앞에 웃으며 앉았다.

"그랬구나. 엄마는 못 봤는데 아줌마가 보셨나 봐. 우리 선재가 엄마 커피를 옮겨주려다가 실수해버렸구나. 근데 너무 뜨거우니까 다음부터는 만지지 말자."

우리에겐 육아요정이 필요하다

아무리 엄마라도 한계가 있어서, 아이의 모든 행동을 제대로 볼 수 없을 때가 많다. 그래서 아이의 실수를 품어주지 못하고 아이보다 더 큰 실수를 하기도 한다. 그런데 감사하게도 그럴 때 뿅 하고 나타나서 꼭 필요한 이야기를 해주고 다시 사라지는 육아요정들을 때로 만나게 된다. 그날 그분은 정말 육아요정이었다.

육아요정들이 남긴 잔상은 언제나 오래 내 마음에 남았다. 그 후로도 나는 아이가 저질러놓은 많은 일들을 보면서 어떻게 가르쳐야 할지 몰라 막막할 때마다, 그래서 아이의 입장을 헤아리는 일이 수고롭게 느껴질 때마다, 그분이 하신 이야기를 떠올렸다.

낯선 분이 아이를 향해 해주신 한마디가 육아서 여러 권에 담긴 탄탄한 육아 이론보다 나를 더 단단히 붙잡아주는 것 같았다. 그래서 생각했다. 엄마에게 "이렇게 하세요", "이렇게 하시면 안 돼요"라고 말하는 것보다, 아이에게 "왜 말을 안 하니?", "착하게 굴어야지"라고 말하는 것보다, "내가 봤어. 넌 배려심 있고 착한 아이야"라고 말해주는 것이 더 좋은 훈육 방식이라고. 정말 좋은 훈육은 아이는 물론 엄마에게도 죄책감과 수치심을 남기지 않으니까 말이다. 이렇게 더 나은 관점을 제시해주는 낯선 사람의 다정한 이야기가 더 많아지면 좋겠다.

세 아이를 키우면서 쉽게 조바심을 느꼈고 섣불리 단정 지었으며 아이는 물론 내 마음에 생채기를 내는 일상을 반복했다. 노력과 의지, 이론적인 탄탄함보다는 몸과 마음의 컨디션에 따라 육아가 좌지우지되었기 때문이었다. 몸과 마음의 상태가 그나마 괜찮을 때는 아이의 마음을 헤아려주는 일이 더 쉬웠다. 하지만 상태가 좋지 않거나 다른 이유로 스트레스를 받고 있을 때는 차분하게 아이의 마음을 읽어주고 더 나은 방향을 제시해주기가 힘들었다. 그리고 현실적으로 육아의 모든 날들이 이런저런 몸과 마음의 스트레스로 점철되어 있었다.

아이의 사소한 잘못을 크게 혼내고는 돌아서서 후회하는 일이 많았고, 좋은 사람이 되는 것보다 좋은 엄마가 되는 일이 훨씬 더 어렵게 느껴졌다. 아이는 내가 보고 싶어 하지 않았던 내 모습까지 속속들이 드러나게 하는 버튼을 쥐고 있는 존재였다. 그래서 엄마에게는 육아요정들이 많이 필요하다. '엄마가 훈육을 어떻게 할 것인가?'라고 질문하면서 고민하고 노력하는 만큼, 엄마가 실천할 수 있게 도와주는 역할을 하기 때문이다.

여러 사람의 여러 이야기

영국에 온 지 얼마 되지 않았을 때 아이들을 데리고 놀이터에 가곤 했다. 아이들은 천방지축이었고, 특히 여섯 살이었던 첫째는 고삐 풀린 망아지였다.

어느 날 놀이터에서 아이들과 잘 놀아주는 아빠를 만났다. 그분의 아이와 우리 집 첫째가 같이 노는 틈을 타 그분과 이런저런 얘기를 나누었다. 그런데 잠시 뒤, 그 집 아이가 달려와서 울먹였다. 우리 아이가 차도를 건너 어디론가 가버렸다는 것이 아닌가.

아이는 길도 모르고 영어도 전혀 못 하는 상태. 가슴이 철렁 내려앉았다. 그분은 나를 보며 걱정 말라고, 꼭 찾아서 데리고 오겠다고 하며 뛰쳐나갔다.

얼마나 시간이 지났을까? 한참 뒤에 그분이 아이를 데리고 오셨다. 다행이었다. 그분은 아이의 어깨에 손을 얹고 꿈틀거리는 시선을 붙잡기 위해 애쓰면서 천천히 혼내기 시작하셨다.

"이 꼬맹아. 너 몇 살이야? 여섯 살이라고? 열여섯 살 아니잖아. 자, 잘 들어. 네가 열여섯 살이라고 해도 엄마 생각을 해야지. 그렇게 가버리면 엄마가 걱정하시잖아. 너희 엄만, 네 동생들도 돌봐야 하잖아. 어딜 가든 엄마랑 같이 가야 하는 거야. 잊지 마라."

아이를 찾아주신 데다 훈육의 말까지 덧붙여주신 것까지 너무 감사해서 감사하다고 여러 번 인사를 하며 집으로 향했다. 우리의 뒷모습을 보면서 그분은 아이에게 한 번 더 강조하셨다.

"엄마 옆에 있어야 하는 거야!"

항상 재잘대던 아이가 집에 가는 내내 입을 꼭 다문 것을 보며, 놀라거나 혼나서가 아니라 곰곰이 생각하느라 그런 것 같다고 느끼며, 나까지 훈육의 말을 더할 필요가 없다는 생각이 들었다.

매일 똑같은 사람에게 듣는 똑같은 이야기는 결국 효력이 떨어질 수밖에 없다. 아무리 중요하고 좋은 말이라고 해도 아이의 마음까지 닿지 못할 때가 있는 것이다. 그렇게 엄마의 말이 효력이 떨어질 때 아이에게 필요한 이야기를 다른 방식으로 해주는 부모 아닌 다른 사람의 존재는 귀하다. 그들의 말은 아이의 귀에 더 잘 박히고 설득력이 있다.

어쩌면 우리에게는 서로가 서로에게 육아요정이 되어주는 세상이 필요한지도 모르겠다. 그 세상은, 아이가 한 사람의 한 가지 이야기가 아니라 여러 사람의 여러 이야기를 들을 수 있는 세상, 엄마가 힘이 부치고 관점이 협소해질 때 더 나은 해석 가능성과 해결 가능성을 열어주는 세상이다. 모든 과정 속에서 아이에게도 엄마에게도 불필요한 수치심과 죄책감을 주지 않는, 그런 세상이다.

골든 룰, 훈육의 원칙

부모가 되어보니, 왜 엄마가 그토록 잔소리를 멈출 수 없었는지, 잘하고 있는데 왜 그렇게 우려의 말을 했었는지 이해가 된다. 하루 종일 아이들에게 건네는 말을 곱씹어 보면, "하지 마라", "안 돼", "그만 해"와 같은 금기의 말이 많다. 그런 말을 반복하면서 나조차도 입이 써지고, 아이에게 정말로 하고 싶은 말은 아니었기에 허탈해지기도 한다. 그러면서도 지금 꼭 해야 하는 말, 꼭 필요한 말이기에 또다시 같은 말을 반복한다.

아이에게 해주고 싶은 이야기를 어떻게 더 나은 방식으로 해줄 수 있을지 매일 고민하며, 또 아이가 그 말 아래 흐르는 사랑과 보호의식과 존중을 감지해주기를 바라며, 나만의 골든 룰Golden Rule을 보강해간다.

1. 훈육에는 때가 있다. 미룰 수가 없다.
2. 작은 일에 크게 혼내지 않는다. 만약 그랬다면 바로 고백한다.

3. 구덩이를 파놓고 '그럴 줄 알았어'라면서 기다리지 않는다. 구덩이를 미리 메워둔다. 아이가 지킬 수 있는 규칙인지 먼저 살피고 아이의 의지와 능력을 구분한다. 대부분의 경우 아이는 일부러 안 지키는 것이 아니라 모르거나 못해서 못 지키는 경우가 많다.
4. 아이에게도 엄마에게도 죄책감과 수치심이 남지 않아야 좋은 훈육이다.
5. 에너지가 별로 없고 다른 일로 스트레스를 받고 있다면 아이를 훈육하고 싶더라도 입술을 깨물며 참는다. 이럴 때의 훈육은 득보다 실이 많고 훈육의 기회는 나중에도 언제든지 찾아온다.
6. 누구나(특히 아이들은) 마음이 편안한 상태일 때 더 잘 배울 수 있다. 공포나 불안으로 아이를 훈육하는 것은 단기적으로 효과가 있어 보일지라도 장기적으로는 효율조차 떨어지는 일이다.
7. 아이에게 지시는 간단하고 구체적으로 하고, 되도록 '하지 말라'보다는 '하라'는 방향을 제시한다.
8. 검사가 되기보다는 변호사가 된다. 의심의 여지가 있을 때는 일단 믿어준다.

일상의
육아 파트너

주중에 나는 아이 셋 전업 맘으로 24시간 나 홀로 육아를 한다. 내가 이런 시간을 버틸 수 있는 건 주말에는 남편이 나 홀로 육아를 하기 때문이다. 우리는 이 설정을 '몰빵 육아'라고 부른다. 육아하는 시간도, 육아에서 벗어나 있는 시간도 몰아주는 것이다. ('독박'이라는 말은 쓰지 않는다. 그 말에는 이미 내게 닥친 상황을 받아들이지 않고 원망하는 뉘앙스가 풍기고, 내가 그렇게 하기로 한 건 누가 시켜서가 아니라 스스로 선택한 것이기 때문이다. 또, 나는 이 선택을 즐기고 싶었다. 그런데 '독박'이라는 말을 쓰면 힘듦이 줄기보다 배가되는 것 같았다.)

일가친척 없는 타지에서 세 아이를 키우기 위해서는 이

렇게 몰빵 육아를 하는 것이 최선이었다. 지난 2년간 그럭저럭 지나올 수 있었던 건 적어도 주말에는 엄마가 아닌 '나'로 돌아갈 시간이 주어졌기 때문이었다.

아빠의 몰빵 육아

금요일 저녁 남편은 아이들과 함께 보낼 주말 계획을 알리며 어떤 간식이 필요한지 메시지를 남긴다. 그리고 주말 아침이 되면 간식을 챙기고 아이들을 차에 태워서 나간다. 그러곤 저녁 먹을 시간에 돌아온다.

처음에 남편이 이런 제안을 했을 때 정말 기뻤다. 하지만 한편으로 의구심이 들기도 했다. 평균 나이 3.3세의 아이 셋을 차에 싣고 런던의 키즈카페와 공원, 이런저런 유적지와 박물관을 전전하는 남편을 생각하면 불안하기도 했다. 솔직히 얼마 못 갈 줄 알았다. 하지만 남편은 멈추지 않고 주말마다 아이들을 데리고 나갔다.

남편과 아이들이 나가고 혼자 있는 시간이 되면, 설거지를 하다가도 콧노래가 절로 나왔다. 밀린 집안일을 하고 읽고 싶은 책도 읽고 오롯이 집중하여 글도 쓴다.

저녁이 되면 남편과 아이들이 지친 얼굴을 하고 집에 돌아온다. 남편은 하루 종일 아이 셋과 돌아다니면서 겪은 여러 가지 에피소드를 늘어놓는다. 어떤 날엔 둘째가 키즈카페에 실례를 해서, 어떤 날엔 셋째가 젖병을 던지며 울어서, 또 어떤 날엔 화장실이 급한데 아이들이 모두 제멋대로여서 힘들었다는 얘기를 한다. 아이들과 외출했다가 돌아온 남편은 숨도 쉬지 않고 쉴 새 없이 말한다. 혼자 버티는 육아의 힘겨움은 말이 별로 없는 남편도 무척 수다스럽게 한다.

아이들도 동시에 말을 쏟아낸다. 그날 아빠와 함께 어디에 발도장을 찍었는지, 아무리 사달라고 해도 엄마는 사주지 않지만 아빠는 몰래 사주는 아이스크림이 얼마나 달콤했는지, 오리에게 빵을 던졌는데 누가 던진 빵이 제일 멀리 날아갔는지, 각자의 경험을 이야기하느라 바쁘다.

아이들과 있을 때면 항상 정신없다는 말을 반복하는 나지만, 넷이 발갛게 상기된 얼굴로 동시에 쏟아내는 오늘의 모험과 힘겨움에 대한 말을 들으면서는 조금도 정신없지 않다. 육아에서 벗어나서 푹 쉴 수 있었던 시간, 나만의 시간을 운용하는 여유를 가질 수 있었기 때문이다. 한없이 자애로운 엄마 미소는 이때만 가능하다. 물론 그 효력이 오래가지는 않지만, 내가 나를 오롯이 만나는 시간이 있었다는 것만으로도 내 육아는 다시금 활기차게 시작된다. 아빠가, 남편이, 건재한 덕분이다.

육아의 힘겨움을 알아준다는 것

남편은 내 육아의 가장 든든한 지원군이다. 물론 처음부터 그랬던 것은 아니다. 엄마가 되는 데 많은 시행착오가 있었던 것처럼 남편도 그랬다.

아이가 한 명이었을 때는 기저귀 가는 법도 모르던 남편이었지만, 아이가 두 명이 되고부터는 남편이 집에 있는 날이면 아이들 기저귀가 늘 뽀송했다. 아이가 세 명이 되자 기저귀와 물티슈 재고 관리는 아예 남편의 몫이 되었다.

남편은 공감이 아주 많이 필요한 육아의 시간 동안 가장 좋은 공감을 해주는 사람이기도 하다. 가장 결정적인 순간 가장 결정적인 공감을 해준다. 물론 이 역시 처음부터 잘했던 건 아니다.

아이들과 있다가 순간순간 방향을 잃을 때면, 남편에게 "오늘은 애들이 말도 안 듣고 힘들게 하네요" 같은 메시지를 남겨두곤 했다. 처음에 남편은 이런 메시지를 받고 어쩔 줄 몰라 했는데, 자신이 당장 어떻게 해줄 수가 없으니 그랬던 것 같다. '공감'보다는 '해결' 버튼이 눌린 것이다.

나로서는 메시지라도 남겨야 감정의 김을 뺄 수 있고 행동의 방향을 틀 수 있기에 그런 것일 뿐, 어떤 해결을 바란 것은 아니었다. 그래서 다시 얘기했다.

"어떻게 해달라는 게 아니라 그냥 표현할 통로가 필요해서 보낸 거예요. 그냥 읽고 답을 안 해도 괜찮아요."

그제야 남편은 메시지를 덜 무겁게 받아들였다. 하루의 끝에 집에 돌아와서 남편은 이렇게 말한다. "아, 오늘도 정말 수고했네요." 오늘 내가 어떤 육아의 시간을 보냈는지 알고 있는 사람의 따뜻한 말 한마디가 내게는 충분한 위로가 된다. 힘겨움을 알아주는 한마디로 하루를 정리하는 것, 어떤 방식으로든 서로의 마음을 향해 귀를 열어두는 것. 그렇게 하루를 따로 또 같이 갈무리한다는 느낌을 받는다.

아빠 해결사

육아의 영역 가운데에는 나보다 남편이 더 유능한 영역도 있었다. 도저히 혼자서는 해낼 수 없는 일이 내 앞에 딱 버티고 있을 때 남편은 육아 보조자가 아닌 총괄자로 나서 주었다.

아이들을 재우는 일이 그랬다. 육아에서 잠은 큰 부분을 차지하는데, 내게는 정말 어려운 일이었다. 첫째와 둘째 모두 잠이 별로 없었고 잠든 후에도 자주 깼다. 재우는 과정도 너무 힘들어서 그 시간이 매일 지옥같이 느껴졌다.

남편은 아침 일찍 나갔다가 밤늦게 들어오기 때문에 힘겨움에 공감해줄 수는 있지만 그 시간을 함께해줄 수는 없었다. 그런데 마침 2주 동안 밤 여덟 시 전에 퇴근할 수 있는 기회가 찾아왔다. 남편은 그 2주를 '수면 습관 들이기 주간'으로 정했다.

남편은 여덟 시에 무조건 불을 끄고 억지로라도 아이들을 재우겠다고 했다. 내가 아이들의 반발과 실효성을 걱정하자, 2주 동안은 자신에게 맡기라고 듬직하게 말하면서 몇 가지 이론과 정책을 설명해주었다.

1. 우리의 육아가 큰 틀에서 민주적인 방식을 지향한다고 해도, 스트레스가 큰 영역에서는 강압적인 방식을 도입해야 한다.
2. '잠에서 깬 지 다섯 시간 이후 간격론'을 중심으로 해결하겠다. 여덟 시에 재우려면 낮잠을 자고 일어난 시간이 늦어도 세 시여야 하니, 낮잠을 아무리 늦게 잤어도 세 시 전에 깨워야 한다.
3. 2주간 길들일 때는 예외를 두어서는 안 되고 목표 달성에 모든 것을 걸어야 한다. 아이들의 이야기는 습관을 들인 다음에 들어주어도 된다.

아이들 재우는 일에 몇 년간 고전하며 무력감을 느껴왔기에, 아무래도 무리인 것 같은 남편의 정책을 못 이기는 척 수용했다. 2주 후, 천국은 찾아오지 않았다. 하지만 지옥은 사라졌다. 남편의 수면 교육은 효과가 있었고 그 뒤로 내내 잘 지켜지고 있다. 이제 아이들은 늦어도 아홉 시에는 잠을 잔다.

사실 남편의 수면 교육이 효과가 있었든 없었든, 잠 문제에서 패배한 무능력한 엄마 자리에서 벗어나 있는 것만으로도 나는 마음의 평화를 얻었다. 필요한 영역에서 '나에게 맡겨'라고 말하며 해결해주는 아빠의 역할은 소중하다.

엄마에겐 아빠가 있다

전작《혼자 있고 싶은 남자》에 어느 초등학교 2학년생이 쓴 동시를 인용했었다.

.... 엄마가 있어 좋다. 나를 예뻐해주셔서.
냉장고가 있어 좋다. 나에게 먹을 것을 주어서.
강아지가 있어 좋다. 나와 놀아주어서.
아빠는 왜 있는지 모르겠다.

이 동시에 대한 사람들의 반응은 뜨겁고도 서늘했다. 아이의 마음속 아빠의 부재에 대한 공감과 각성 때문이었다. 이 동시 속 아이는 아빠가 왜 있는지 묻지만 아빠는 당연히 있어야 한다. 사실 있어야 한다고 강조할 필요도 없이 아빠의 역할은 중요하다.

아무리 훌륭하고 건강한 엄마라고 해도 혼자서 아이를 키워내기란 불가능하다. 아이들을 보살피고 안아주고 받아주다 보면 몸과 마음의 에너지가 바닥을 드러내는데, 그럴 때 몸과 마음의 충전제를 넉넉히 가지고 달려오는 일상의 육아 파트너가 반드시 필요하다.

엄마에게도 아이들에게도 아빠가 있어 육아가 든든하다. 아이들에게는 엄마가 필요하고 엄마에게는 아빠가 반드시 필요하다. 엄마에겐 아빠가 있다.

페미니스트
맘

"저는 적어도 엄마처럼 살지 않을 줄 알았어요. 그런데 웬걸요. 어떻게 보면 엄마보다 더 하잖아요. 엄마는 집안일과 육아만 했지요. 그런데 지금 여자들은 집안일도 하고 육아도 하고 나가서 돈도 벌어 와야 해요. 일하고 애 키우고 살림도 하는데 맘충이라는 얘기나 듣고요. 과연 우리가 진보하고 있는 걸까요? 사회는 변하고 있다지만 제 삶이 엄마의 삶보다 얼마나 더 나아졌는지 저는 대답을 할 수 없어요."

두 아이의 엄마이자, 결혼 7년차, 그리고 직장인 10년차인 그녀는 대학시절에 그 누구보다도 페미니스트였다. 변화에 대한 열망과 신념이 충만하던 시절, 그녀는 자신의 이상과 열정을 늘어놓을 때 돌아오는 주변의 반응에 별로 개의치 않았다고 했다. 하지만 그때는 신경 쓰이지 않던 작은 목소리들이 이제는 집단 부메랑처럼 날아와 자신을 짓누른다고 했다.

이상적일 수만은 없는 결혼과 육아, 직장 생활을 지나오며 회의감을 느끼는 건 당연하다. 나는 묵묵히 그녀의 이야기를 들었다. 그리고 그 이야기에서 자꾸만 걸려 넘어지는 지점을 발견했다. 바로 '변화'였다.

"그런다고 세상이 변할 줄 아느냐."

"너 혼자 떠든다고 세상이 변하느냐."

이러한 목소리들이 자신의 이상만 짓누르는 것이 아니라 현실까지 짓누르자, 요즘 그녀는 이리저리 흔들리고 있었다.

변화의 진통, 선택의 역설

물론 사회는 변했다. 그 변화와 함께 여성들에게 더 많은 선택의 길이 열렸다. '언제 결혼을 할 것인지' 묻던 사람들은 이제 '결혼을 할 것인지' 묻는다. 과거 고정값으로 존재하던 대전제와 그에 따른 소전제에 균열이 생기기 시작했다. 선택의 자유는 늘어났다. 그러나 변화는 그냥 이루어지지 않는다. 왜냐하면 선택에는 책임이 따르기 때문이다. 또, 우리는 변화하지 않고 유지하려는 내적, 외적 저항을 마주하기도 한다.

변화의 과도기에 우리는 그전보다 더 큰 힘겨움을 감당하게 된다. 선택의 자유가 커지면, 선택하지 않은 것에 대한 심리적 부담감 역시 커진다. 선택의 역설이다.

우리는 결혼을 할 수도 하지 않을 수도 있지만 그만큼 결혼에 대해 고민해야 한다. 또, 아이를 낳을 수도 낳지 않을 수도 있지만, 그만큼 육아에 대해 깊이 고민해야 한다. 이런 고민이 깊어지다 보면 그 속에서 길을 잃기도 한다. 우리가 정말 진보하는 것인지 되묻게 되기도 한다.

예전에 나 또한 비슷한 질문을 한 적이 있다. 첫 페미니즘 수업 시간이었다. 수업을 마친 뒤 교수님께 다가가 이런 질문을 했다.

"페미니즘이 꼭 좋은 변화만 불러오는 것 같지는 않아요. 그 변화가 우리를 더 아프게도 하니까요. 요즘 여성들이 남자 못지않게 교육을 받게 되었다고 해도, 결국 차별은 여전하고 일도 하고 가정도 꾸리며 더 많은 압력을 받게 되었잖아요."

내 질문에 교수님은 살짝 당황하시더니 약간 붉어진 얼굴로 말씀하셨다. 그렇게 생각하면 안 된다고, 변화 과정에는 진통이 있기 마련이라고 말이다.

그 진통을 모르지 않았다. 사실은 훗날 의혹에 찬 이런 질문을 누군가가 나에게 해올 때, 꺼내놓을 수 있는 구체적이고 확실한 카드를 구하고 싶었다. 왜냐하면 우리가 변화만큼이나 변화를 위해 거치게 되는 진통을 힘겨워하기 때문이다.

나의 모든 질문들 속에 '변화'를 향한 복잡한 마음이 담겨 있었다. 나는 그토록 변화를 열망하면서도 변화에 깊은 의혹을 품었다. 그래서 계속 다양한 방식으로 사람들에게 질문을 했는데, 그 끝에 결국 다다르게 된 것은 누군가의 현명한 답이 아니라 또 다른 질문이었다.

누군가가 함께 벽을 두드리는 소리

"그런다고 변하나요? 변한다고 나아지나요? 변화로 인한 진통은 도대체 무엇을 의미하나요?"

그날도 비슷한 질문을 한 선생님께 하고 있었는데, 선생님은 잠시 멈춰 가만히 내 눈을 들여다보시며 천천히 질문하셨다.

"절대 안 될 것 같았던 어떤 벽과 같은 일을 혼자 조금씩 두드려가다가 마침내 함께 무너뜨려본 경험을 해본 적이 있나요? 나 혼자만 그 벽을 두드리고 있었던 것이 아니라, 어딘가에서 나와 같이 두드리는 사람들이 있었다는 사실을 실감해본 적이 있나요? 그 연대의 희열과 전율을 경험해본 적이 있나요?"

이 질문을 듣자 내 마음속 어떤 벽이 무너져내리는 소리가 들렸다. 어둠속에서 혼자서 조금씩 두드리던, 그러다 가끔씩 다른 사람이 두드리는 소리를 듣기도 했던 어떤 벽이 마침내 한 번에 무너지는 소리였다.

어떤 질문이 나를 그렇게 오래 울컥하게 하고 희열과 전율의 감각을 오래 기억하게 한 것은 처음이었다. 의혹 속에서 더듬어가고 있던 막막한 변화로의 길이 한순간에 열린 듯한 기분이 들었다. 결국 변화란 하나의 이야기에서 여러 개의 이야기들을 포개어가는 것이었다.

육아가 어려울 때, 내 육아가 제대로 가고 있는 것인지 의구심이 들 때, 내가 어디쯤 가고 있는지 몰라 마음이 어려울 때, 우리가 각자의 자리에서 조금씩 변화를 시도하며 함께 그 진통을 앓고 있는 중이라는 사실을 실감하는 것. 그런 마음을 아는 것만으로 의구심과 어려움은 해소되었다.

멀리서 들려오는 북소리처럼

온갖 의혹으로 괴로워하는 사람이 있다면, 나는 그 사람의 손을 잡고 눈을 바라보며 더 나은 변화를 이야기해주고 싶다. 나 또한 내 길을 100퍼센트 확신할 수 없지만, 의혹에 휩싸이면서도 자신의 길을 걷고 있는 그 사람에게 '당신이 가는 길이 맞다'고 확신을 주는 말을 해주고 싶다.

그 사람은 어떤 날에는 엄마 자격이 없다고 우는 엄마일 수도 있고, 어떤 날에는 죄책감에 눌려 있는 워킹맘일 수도 있고, 또 어떤 날에는 아이를 낳지 않기로 한 결정에 들볶이는 사람일 수도 있다. 이혼을 할지 말지 고민하는 사람, 누구도 걷지 않은 길을 걷는다는 이유로 응원받지 못했던 사람, 구조적인 불평등과 폭력 때문에 아파하는 사람일 수도 있다.

언제나 그 모든 이야기에는 나의 이야기가 겹쳐진다. 우리는 모두 변화의 기로에 서 있고, 더 나은 변화를 향해 벽을 두드리고 있는 사람들이기 때문이다.

"변화는 더뎌요. 변화는 아파요. 변화는 쉽지 않아요. 그래서 우리는 변화하고 있으면서도, 그것을 알면서도, 그동안 겪어야 하는 진통 때문에 변화를 믿지 못하기도 해요. 하지만 우리는 확실히 더 나은 방향으로 변화해가고 있어요.

진통에 속지 말아요. 두드려도 길이 보이지 않는다고 포기하지 말아요. 혼자 걷는다고 생각할 때조차 우리는 혼자가 아니에요. 지금 혼자 걷는 이 길이 누군가에게는 멀리서 들려오는 북소리가 될 수도 있어요. 우리의 모든 실수와 시행착오와 과오조차 그다음 길을 열어주는 신호탄이 돼요. 사방이 가로막힌 것 같아도 우리에겐 이 벽을 함께 두드리고 무너뜨려 나갈 힘이 있어요.

지금은 혼자 울고 있다고 생각하겠지만 그래도 계속 걸어보세요. 그러면 알게 될 거에요. 나만 혼자 울고 있던 것이 아니라 같이 울면서 서로가 서로의 길을 열어주면서 함께 더 나은 곳으로 향해 가고 있었다는 사실을요.

그런다고 세상이 변하냐고요? 그럼요, 세상은 이미 변했어요!"

◦ 에필로그 ◦

새 수건은
언제나 있다

후배가 아기와 함께 우리 집에 놀러 왔다. 그녀는 아기 키우는 게 이렇게 피로하고 힘든 일인 줄, 누구도 제대로 얘기해주지 않았다며 분개했다. 그리고 도대체 이 생활이 언제까지 계속 되는지 물었다. 더는 못 할 것 같다면서 말이다. 그러면서 후배는 나 역시도 많이 힘들어 보인다고 했다.

정신없이 어질러진 집과 내가 내뱉는 말에서 초조함과 조바심, 걱정을 감지했던 것이다. 후배는 나에게서 몇 년 뒤 자신의 모습을 예상하며 속으로 절망하고 있었는지도 모른다.

"끝이 없는 걸까요?"

나는 말했다. 물론 끝이 없다고. 하지만 그 얘기만 하지는 않았다. 나도 지쳐 있긴 했지만 적어도 나에게는 그녀에겐 없는 10년 치의 돌봄 및 가사 노동의 경험과, 아이들을 키우면서 내 일을 병행해온 경험이 있었다. 지나온 모든 것이 지금의 우리를 만들었고, 그 시간을 지나며 잃은 것이 아무리 많다고 해도 얻은 것 역시 많다는 건 부인할 수 없다. 후배의 질문 앞에서 나는 갑자기 육아의 경험과 혜안을 가진 선배가 된다.

"끝은 없어도 변화는 있어. 변화는 확실히 있으니까 너무 막막해하지 마. 정답은 없지만 그래서 오답도 없고, 막다른 골목 같을 때조차 길은 꼭 있어."

그 얘기를 하며 이 문장을 떠올렸다.

"모든 것은 변한다. 모든 것이 변한다는 단 하나의 사실만 빼고."

지금 아이의 영아 산통이 나의 잠은 물론 숨을 죽여놓는다고 해도, 영아 산통이 심해서 아침에 눈을 뜨기가 겁나는 일상이 반복된다고 해도, 그것은 변한다.

지금 아이가 엄마 껌딱지라서 아이를 안고 화장실에 가더라도, 나에게 다닥다닥 달라붙어 있는 아이가 징글징글하더라도, 또 아이의 절절한 부름에 한숨 쉬는 내가 너무 싫어도, 그것은 변한다.

지금 아이가 너무 산만하고 세상의 모든 관대한 규칙과

틀의 범위조차 심하게 침범하더라도, 그래서 심장이 쿵쾅대고 갑자기 숨이 턱 막히는 하루가 계속된다고 해도, 그것은 변한다.

지금 육아를 이제 겨우 조금 시작했을 뿐인데 한 아기를 사람으로 만들어낸다는 과제가 주는 압도감에 앞일을 생각하기가 겁나더라도, 그것은 변한다.

지금 우리가 육아를 하며 느끼는 모든 힘겨움은 결국 변한다. 육아에 끝은 없지만 그 시간을 지나며 우리를 둘러싼 모든 것은 내내 변한다. 아직은 보는 눈이 없거나, 다른 데 사로잡혀서 잘 보지 못할 뿐, 우리 아이들은 잘 크고 있고 우리는 잘하고 있다.

아이가 변하니까, 엄마도 변하고, 엄마와 아이의 관계도 변한다. 그리고 아기는 결국 사람이 된다. 내가 생각했던 모습과는 당연히 다르다. 처음에 점도 아니었던 그 아기는 우리보다 더 큰 사람이 되어, 자기 나름의 생각과 규칙, 그리고 세상과 소통하는 창구를 가진 독립적인 사람이 되어, 결국 우리 품에서 벗어난다.

그리고 이 모든 변화 속에서 우리는 끝내 변하지 않는 한 가지 사실에 기대어 앞으로 나아가게 될 것이다. 우리가 아이를 올려다볼 날이 오더라도, 우리는 변함없이 그 아이에게 하나뿐인 엄마라는 바로 그 사실에 기대어.

육아는 언제나 '지금 당장'을 요구한다. 그래서 힘들지만, 그러니 너무 멀리 내다보지 않고 그냥 지금만 살면 된다. 아이를 키우다 '더 이상은 못하겠다'는 순간순간의 고비가 찾아오더라도, 그것은 나만 그런 것이 아니고 다른 엄마들도 모두 경험하는 일이다. 아기를 키우며 이런저런 상황에 몰리고, 내가 나를 만나지 못하는 날이 계속되더라도, 나는 여전히 나, 누가 뭐래도 나다.

매일 위기에 처한다는 것은 매일 위기에서 벗어난다는 것. 매일 그만두고 싶다는 것은 매일 다시 시작한다는 것. 못할 것 같은 것과 결국 못 하는 것은 전혀 다른 것. 폭풍이라고 해도 내내 몰아치지만은 않는 것. 그리고 어찌되었든, 육아는 못 하겠다고 못 할 수 있는 것도 아닌 것.

중간 중간 마음을 가다듬으며, 포기하고 싶은 순간마다 던질 여러 개의 수건을 예비한다. 울고 싶을 때는 울고 던지고 싶을 때는 던지며 그렇게 계속 간다.

새 수건은 언제나 있다.

엄마를 위한 동그라미

2021년 4월 19일 초판 1쇄 인쇄
2021년 4월 27일 초판 1쇄 발행

지은이 선안남
펴낸이 이연수
펴낸곳 호우

출판등록 2017년 12월 4일(제2017-000078호)
주소 서울시 강서구 양천로69길 58 (우편번호 07536)
전화 (070)4220-8989
팩스 (02)6499-2733
이메일 hou_press@naver.com

ISBN 979-11-91086-02-7 (03590)